Hassaan Thabet
Pola Mohammed

# Noções básicas de Controlador Lógico Programável (PLC)

**Hassaan Thabet**
**Pola Mohammed**

# Noções básicas de Controlador Lógico Programável (PLC)

**ScienciaScripts**

**Imprint**

Any brand names and product names mentioned in this book are subject to trademark, brand or patent protection and are trademarks or registered trademarks of their respective holders. The use of brand names, product names, common names, trade names, product descriptions etc. even without a particular marking in this work is in no way to be construed to mean that such names may be regarded as unrestricted in respect of trademark and brand protection legislation and could thus be used by anyone.

Cover image: www.ingimage.com

This book is a translation from the original published under ISBN 978-620-2-05251-1.

Publisher:
Sciencia Scripts
is a trademark of
Dodo Books Indian Ocean Ltd. and OmniScriptum S.R.L publishing group

120 High Road, East Finchley, London, N2 9ED, United Kingdom
Str. Armeneasca 28/1, office 1, Chisinau MD-2012, Republic of Moldova, Europe
Printed at: see last page
**ISBN: 978-620-7-69397-9**

# CONTEÚDO


Prefácio ......................................................................................... 2

Parte I Abordagem teórica ............................................................ 3

Capítulo 1 .................................................................................... 4

Capítulo 2 .................................................................................... 7

Capítulo 3 .................................................................................. 12

Capítulo 4 .................................................................................. 22

Capítulo 5 .................................................................................. 35

Capítulo 6 .................................................................................. 49

Parte II Abordagem prática ........................................................ 54

Capítulo 7 .................................................................................. 55

Capítulo 8 .................................................................................. 62

Capítulo 9 .................................................................................. 78

Referências ................................................................................ 80

# PREFÁCIO

Este curso apresenta os componentes básicos de hardware e software de um controlador lógico programável (PLC). Descreve a arquitetura geral e o conjunto de instruções básicas comuns a todos os PLCs. São abordadas as técnicas básicas de programação e a lógica concebida. Também descreve as características de funcionamento do PLC, as vantagens do PLC em relação aos sistemas de controlo com fios, aplicações práticas, resolução de problemas e manutenção de PLCs.

Depois de terminar este curso, o aluno deve ser capaz de:

1. Descrever os principais componentes de um autómato.

2. Interpretar as especificações do PLC.

3. Converter a lógica convencional dos relés numa linguagem PLC.

4. Operar e programar um autómato para uma determinada aplicação.

5. Aplicar técnicas de resolução de problemas.

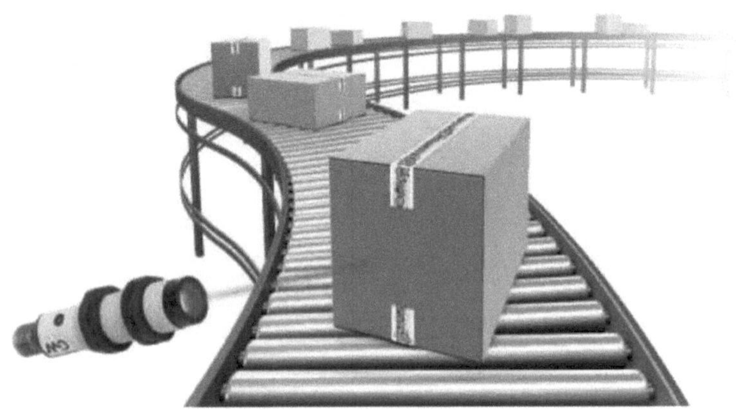

# Parte I
# Abordagem teórica

# Capítulo 1

# O que é um PLC?

## 1.1 Definição de um PLC

Os controladores lógicos programáveis (PLC), também designados por controladores programáveis, pertencem à família dos computadores. São utilizados em aplicações comerciais e industriais. Um PLC monitoriza as entradas, toma decisões com base no seu programa e controla as saídas para automatizar um processo ou uma máquina. Este curso destina-se a fornecer-lhe informações básicas sobre as funções e configurações dos PLCs.

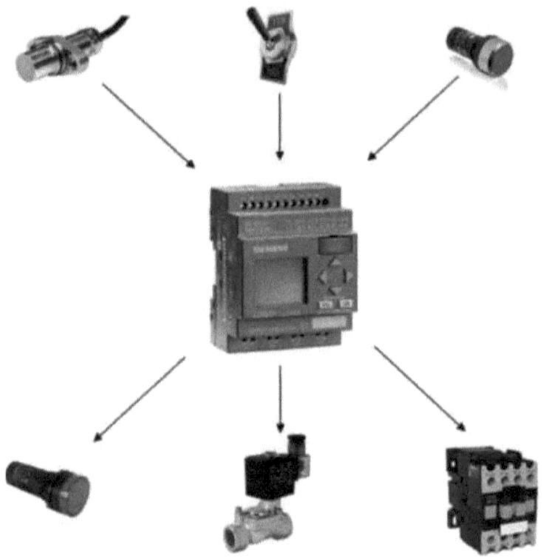

## 1.2 Funcionamento básico do PLC

Os autómatos são constituídos por módulos ou pontos de entrada, uma Unidade Central de Processamento (CPU) e módulos ou pontos de saída. Uma entrada aceita uma variedade de sinais digitais ou analógicos de vários dispositivos de campo (sensores) e converte-os num sinal lógico que pode ser utilizado pela CPU. A CPU toma decisões e executa instruções de controlo com base em instruções de programa na memória. Os módulos de saída convertem as instruções de controlo da CPU num sinal digital ou analógico que pode ser utilizado para controlar vários dispositivos de campo (actuadores). Um dispositivo de programação é utilizado para introduzir as instruções pretendidas. Estas instruções determinam o que o PLC fará para uma entrada específica. Um dispositivo de interface com o operador permite a visualização da informação do processo e a introdução de novos parâmetros de controlo.

4

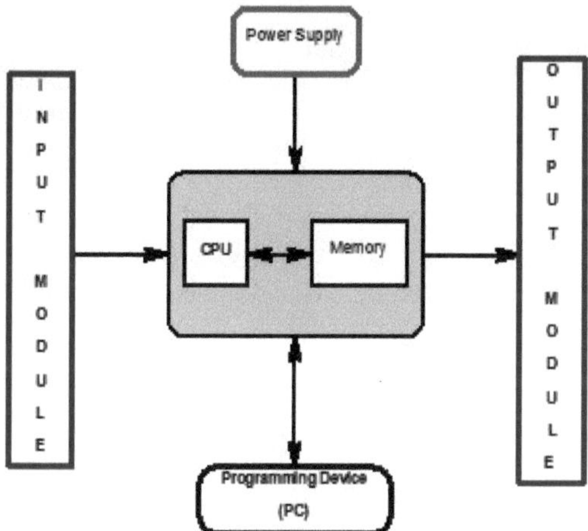



Os botões de pressão (sensores), neste exemplo simples, ligados às entradas do PLC, podem ser utilizados para arrancar e parar um motor ligado a um PLC através de um arrancador de motor (atuador).

## 1.3  Sistema de controlo tradicional

Antes dos PLCs, muitas destas tarefas de controlo eram resolvidas com controlos por contactores ou relés. Isto é muitas vezes referido como controlo com fios. Os diagramas de circuitos tinham de ser concebidos, os componentes eléctricos especificados e instalados e as listas de ligações criadas. Os electricistas ligavam então os componentes necessários para executar uma tarefa específica. Se fosse cometido um erro, os fios tinham de ser ligados corretamente. Uma alteração da função ou a expansão do sistema exigia alterações extensivas dos componentes e a substituição da cablagem.

## 1.4 Vantagens de um PLC

O mesmo, bem como tarefas mais complexas, pode ser feito com um PLC. A cablagem entre dispositivos e contactos de relés é feita no programa do PLC. A cablagem, embora ainda necessária para ligar os dispositivos de campo, é menos intensiva. A modificação da aplicação e a correção de erros são mais fáceis de gerir. É mais fácil criar e alterar um programa num PLC do que ligar e voltar a ligar um circuito. Seguem-se apenas algumas das vantagens dos PLCs:

- Tamanho físico mais pequeno do que as soluções com fios.

- É mais fácil e rápido efetuar alterações.

- Os PLCs têm funções integradas de diagnóstico e de substituição.

- Os diagnósticos estão disponíveis a nível central.

- As aplicações podem ser imediatamente documentadas.

- As aplicações podem ser duplicadas mais rapidamente e de forma menos dispendiosa

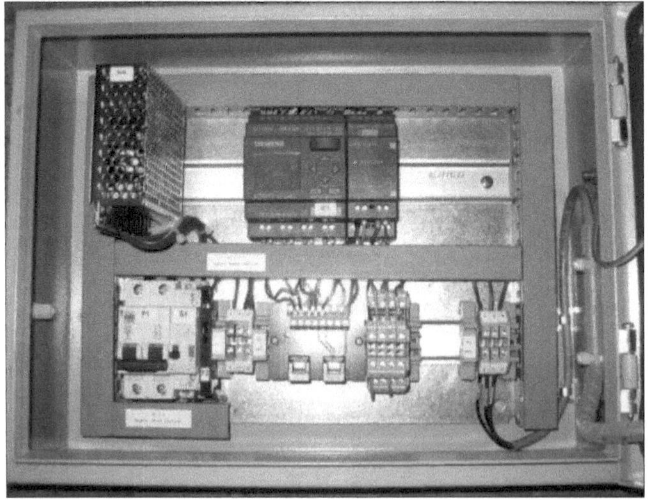

# Capítulo 2

## Sistemas numéricos

### 2.1 Sistemas numéricos

Uma vez que um PLC é um computador, armazena informações sob a forma de condições de ligado ou desligado (1 ou 0), designadas por dígitos binários (bits). Por vezes, os dígitos binários são utilizados individualmente e outras vezes são utilizados para representar valores numéricos.

#### 2.1.1 Sistema decimal

Os autómatos utilizam vários sistemas numéricos. Todos os sistemas numéricos têm as mesmas três características: dígitos, base, peso. O sistema decimal, que é normalmente utilizado na vida quotidiana, tem as seguintes características:

Dez dígitos 0, 1, 2, 3, 4, 5, 6, 7, 8, 9

Base 10

Pesos 1, 10, 100, 1000, ...

#### 2.1.2 Sistema binário

O sistema binário é utilizado pelos controladores programáveis. O sistema binário tem as seguintes características:

Dois dígitos 0, 1

Base 2

Pesos Potências de base 2 (1, 2, 4, 8, 16, ...)

No sistema binário, os Is e 0s são organizados em colunas. Cada coluna é ponderada. A primeira coluna tem um peso binário de $2^0$. Isto é equivalente a um 1 decimal. Este é o bit menos significativo. O peso binário é duplicado em cada coluna seguinte. A coluna seguinte, por exemplo, tem um peso de $2^1$, o que equivale a um 2 decimal. O valor decimal é duplicado em cada coluna sucessiva. O número na coluna da extrema esquerda é referido como o bit mais significativo. Neste exemplo, o bit mais significativo tem um peso binário de $2^7$, o que equivale a um valor decimal 128.

**Most Significant Bit (MSB)**        **Least Significant Bit (LSB)**

| $2^7$ | $2^6$ | $2^5$ | $2^4$ | $2^3$ | $2^2$ | $2^1$ | $2^0$ |
|---|---|---|---|---|---|---|---|
| 128 | 64 | 32 | 16 | 8 | 4 | 2 | 1 |
| 0 | 0 | 0 | 1 | 1 | 0 | 0 | 0 |

#### 2.1.3 Sistema BCD

Os números decimais com codificação binária (BCD) são números decimais em que cada dígito é representado por um número binário de quatro bits. O BCD é normalmente utilizado em dispositivos de entrada e saída. Um interrutor de roda de polegar é um exemplo de um dispositivo de entrada que utiliza BCD. Os números binários são divididos em grupos de quatro bits, cada grupo representando um equivalente decimal. Um interrutor de roda manual de quatro dígitos, como o mostrado aqui, controlaria 16 (4 x 4) entradas de PLC.

| Decimal Numbers | BCD Numbers |
|---|---|
| 0 | 0000 |
| 1 | 0001 |
| 2 | 0010 |
| 3 | 0011 |
| 4 | 0100 |
| 5 | 0101 |
| 6 | 0110 |
| 7 | 0111 |
| 8 | 1000 |
| 9 | 1001 |

### 2.1.4 Sistema hexadecimal

O sistema hexadecimal é outro sistema utilizado nos autómatos. O sistema hexadecimal tem as seguintes características:

16 dígitos 0, 1, 2, 3, 4, 5, 6, 7, 8, 9, A, B, C, D, E, F

Base 16

Pesos Potências de base 16 (1, 16, 256, 4096 ...)

Os dez dígitos do sistema decimal são utilizados para os primeiros dez dígitos do sistema hexadecimal. As primeiras seis letras do alfabeto são utilizadas para os restantes seis dígitos.

A=10 D=13

B = 11 E=14

C = 12 F = 15

O sistema hexadecimal é utilizado nos autómatos porque permite representar o estado de um grande número de bits binários num espaço pequeno, como o ecrã de um computador ou o visor de um dispositivo de programação. Cada dígito hexadecimal representa o estado exato de quatro bits binários. Para converter um número decimal num número hexadecimal, o número decimal é dividido pela base 16. Para converter o número decimal 28, por exemplo, em hexadecimal:

$$\frac{1}{16 \overline{)\ 28}} \text{ r } 12$$

O decimal 28 dividido por 16 é 1 com um resto de 12. Doze é equivalente a C em hexadecimal. O equivalente hexadecimal do decimal 28 é 1C.

O valor decimal de um número hexadecimal é obtido multiplicando os dígitos hexadecimais individuais pelo peso de base 16 e adicionando os resultados. No exemplo seguinte, o número hexadecimal 2B é convertido no seu equivalente decimal 43.

$$16 \; 1^{0=}$$
$$16^1 = 16$$
$$B = 11$$

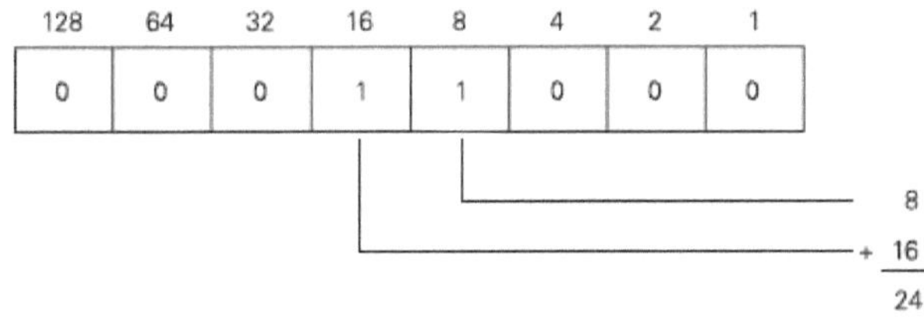

## 2.2 Conversão de números

Os passos seguintes podem ser utilizados para interpretar um número decimal a partir de um valor binário.

- Procurar do bit menos para o mais significativo para Is.

- Escreve a representação decimal de cada coluna que contém um 1.

- Adicionar os valores da coluna.

No exemplo seguinte, a quarta e a quinta colunas a contar da direita contêm um 1. O valor decimal da quarta coluna a contar da direita é 8 e o valor decimal da quinta coluna a contar da direita é 16. O equivalente decimal deste número binário é 24. A soma de todas as colunas ponderadas que contêm um 1 é o número decimal que o PLC armazenou

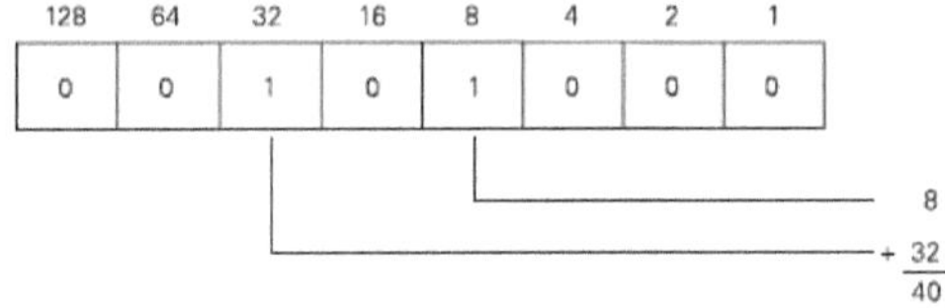

No exemplo seguinte, a quarta e a sexta colunas a contar da direita contêm um 1. O valor decimal da quarta coluna a contar da direita é 8 e o valor decimal da sexta coluna a contar da direita é 32. O equivalente decimal deste número binário é 40.

A tabela seguinte mostra alguns valores numéricos em representação decimal, binária,

BCD e hexadecimal.

| Decimal | Binary | BCD | Hexadecimal |
|---|---|---|---|
| 0 | 0 | 0000 | 0 |
| 1 | 1 | 0001 | 1 |
| 2 | 1 | 0010 | 2 |
| 3 | 11 | 0011 | 3 |
| 4 | 100 | 0100 | 4 |
| 5 | 101 | 0101 | 5 |
| 6 | 110 | 0110 | 6 |
| 7 | 111 | 0111 | 7 |
| 8 | 1000 | 1000 | 8 |
| 9 | 1001 | 1001 | 9 |
| 10 | 1010 | 0001 0000 | A |
| 11 | 1011 | 0001 0001 | B |
| 12 | 1100 | 0001 0010 | C |
| 13 | 1101 | 0001 0011 | D |
| 14 | 1110 | 0001 0100 | E |
| 15 | 1111 | 0001 0101 | F |
| 16 | 1 0000 | 0001 0110 | 10 |
| 17 | 1 0001 | 0001 0111 | 11 |
| 18 | 1 0010 | 0001 1000 | 12 |
| 19 | 1 0011 | 0001 1001 | 13 |
| 20 | 1 0100 | 0010 0000 | 14 |
| . | . | . | . |
| 126 | 111 1110 | 0001 0010 0110 | 7E |
| 127 | 111 1111 | 0001 0010 0111 | 7F |
| 128 | 1000 0000 | 0001 0010 1000 | 80 |
| . | . | . | . |
| 510 | 1 1111 1110 | 0101 0001 0000 | 1FE |
| 511 | 1 1111 1111 | 0101 0001 0001 | 1FF |
| 512 | 10 0000 0000 | 0101 0001 0010 | 200 |

## 2.3 Conceitos de lógica

Os controladores programáveis só podem compreender um sinal que esteja ligado ou desligado (presente ou não presente). O sistema binário é um sistema em que existem apenas dois números, 1 e 0. O binário 1 indica que um sinal está presente, ou o interrutor está ligado. O binário 0 indica que o sinal não está presente, ou que o interrutor está desligado.

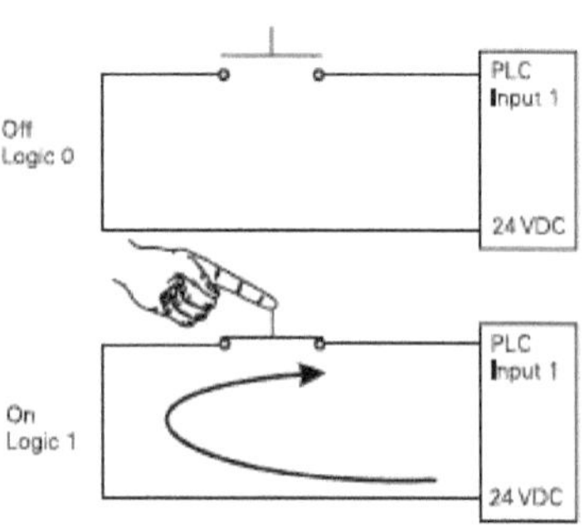

Cada pedaço de dados binários é um bit. Oito bits constituem um byte. Dois bytes, ou 16 bits, formam uma palavra.

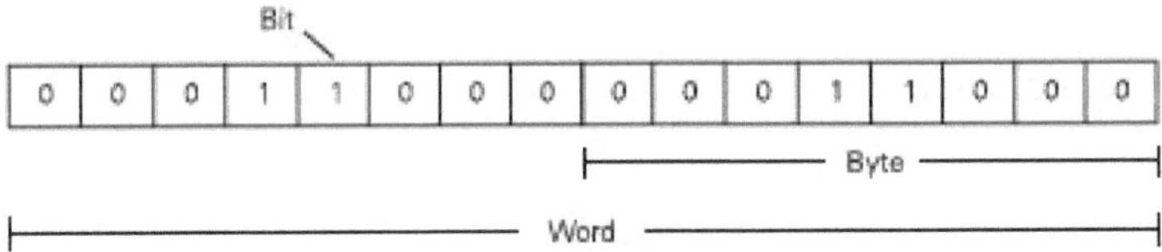


## Revisão 1

QI: O sistema numérico binário tem uma base________.

Q2: O sistema numérico hexadecimal tem uma base________.

Q3: Converter decimal (10) para o seguinte:

Binário =________.

BCD =________.

Hexadecimal =__________.

Q4: Identificar os seguintes elementos :

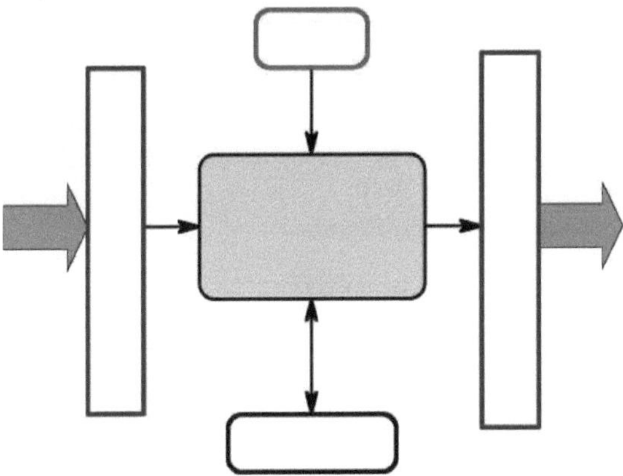

# Capítulo 3

## Terminologias

### 3.1 Terminologias de Circuitos PLC

A linguagem dos autómatos é constituída por um conjunto de termos de uso corrente, muitos dos quais são exclusivos dos autómatos. Para compreender as ideias e os conceitos dos PLCs, é necessária uma compreensão destes termos.

### 3.1.1 Sensor

Um sensor é um dispositivo que converte uma condição física num sinal elétrico para ser utilizado pelo PLC. Os sensores são ligados à entrada de um PLC. Um botão de pressão é um exemplo de um sensor que está ligado à entrada do PLC. Um sinal elétrico é enviado do botão de pressão para o PLC indicando a condição (aberto/fechado) dos contactos do botão de pressão.

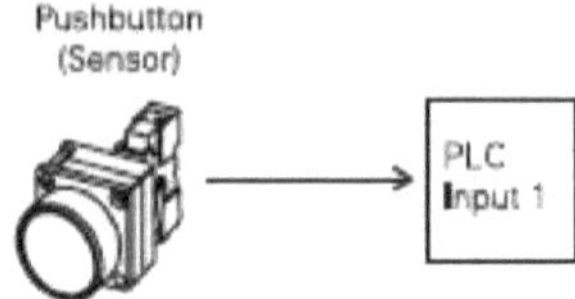


### 3.1.2 Atuador

Os actuadores convertem um sinal elétrico do PLC numa condição física. Os actuadores estão ligados à saída do PLC. Um arrancador de motor é um exemplo de um atuador que está ligado à saída do PLC. Dependendo do sinal de saída do PLC, o arrancador do motor arranca ou pára o motor.

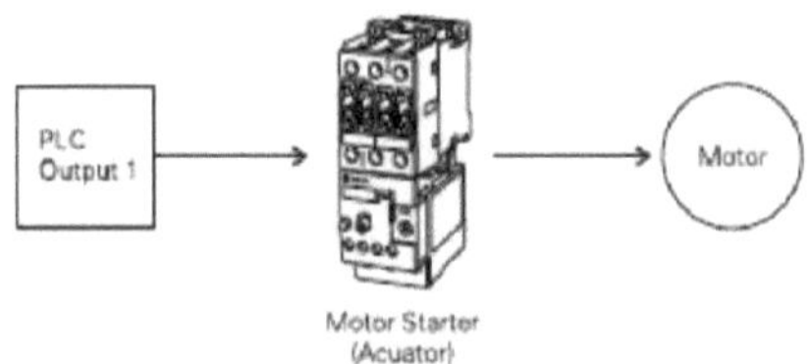


### 3.1.3 Entrada discreta

Uma entrada discreta, também designada por entrada digital, é uma entrada que se encontra numa condição ON ou OFF. Botões de pressão, interruptores basculantes, interruptores de fim de curso, interruptores de proximidade e fechos de contacto são exemplos de sensores discretos que estão ligados às entradas discretas ou digitais dos PLCs. Na condição ON, uma entrada discreta pode ser referida como uma lógica 1 ou uma lógica alta. Na condição OFF, uma entrada discreta pode ser referida como um 0 lógico ou um mínimo lógico.

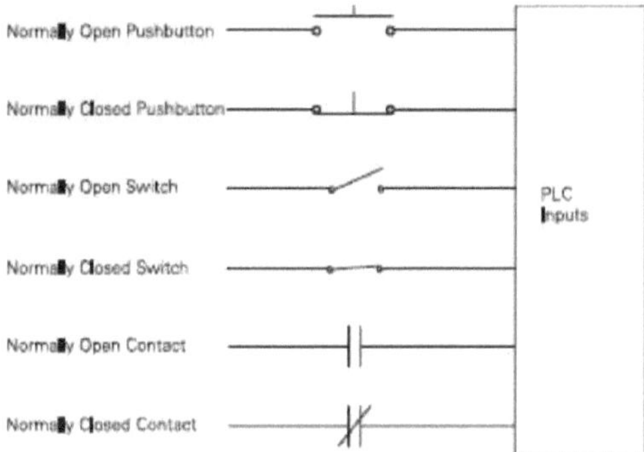


No exemplo seguinte, é utilizado um botão de pressão normalmente aberto (NA). Um lado do botão de pressão está ligado à primeira entrada do PLC. O outro lado do botão de pressão está ligado a uma fonte de alimentação interna de 24 VDC. Muitos PLCs requerem uma fonte de alimentação separada para alimentar as entradas. No estado aberto, não existe tensão na entrada do PLC. Esta é a condição OFF. Quando o botão de pressão é premido, é aplicada uma tensão de 24 VCC à entrada do PLC. Esta é a condição ON.

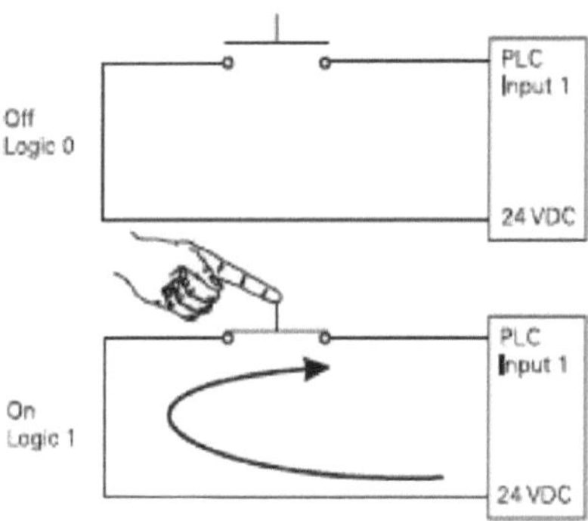


### 3.1.4 Saída discreta

Uma saída discreta é uma saída que está numa condição ON ou OFF. Solenóides, bobinas de contactores e lâmpadas são exemplos de dispositivos actuadores ligados a saídas discretas. As saídas discretas também podem ser referidas como saídas digitais. No exemplo seguinte, uma lâmpada pode ser ligada ou desligada pela saída do PLC a que está ligada.

### 3.1.5 Entrada analógica

Uma entrada analógica é um sinal de entrada que tem um sinal contínuo. As entradas analógicas típicas podem variar de 0 a 20 miliamperes, 4 a 20 miliamperes ou 0 a 10 volts. No exemplo seguinte, um transmissor de nível monitoriza o nível de líquido num tanque. Dependendo do transmissor de nível, o sinal para o PLC pode aumentar ou diminuir à medida que o nível aumenta ou diminui.

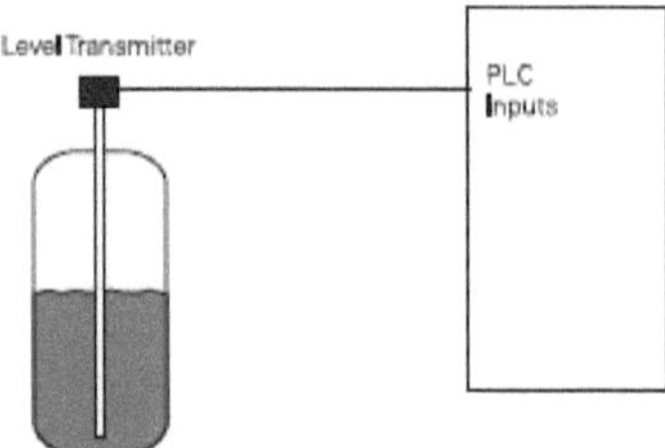


### 3.1.6Saída analógica

Uma saída analógica é um sinal de saída que tem um sinal contínuo. A saída pode ser tão simples como um nível de 0-10 VDC que acciona um contador analógico. Exemplos de saídas de contadores analógicos são a velocidade, o peso e a temperatura. O sinal de saída também pode ser utilizado em aplicações mais complexas, como um transdutor de corrente para pneumático que controla uma válvula de controlo de fluxo operada a ar.

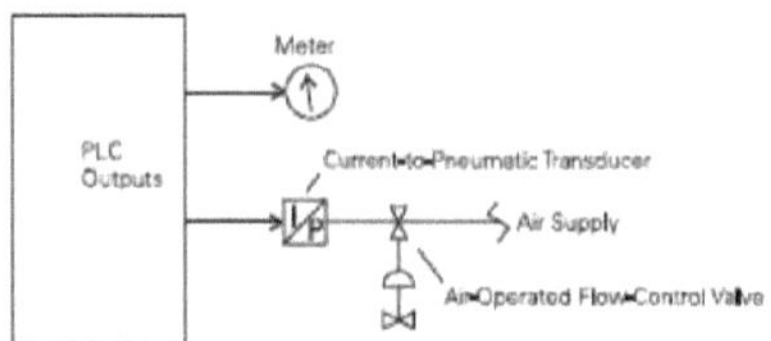


### 3.1.7CPU

A unidade central de processamento (CPU) é um sistema de microprocessador que contém a memória do sistema e é a unidade de tomada de decisões do PLC. A CPU monitoriza as entradas e toma decisões com base nas instruções contidas na memória do programa. A CPU efectua operações de relé, contagem, temporização, comparação de dados e operações sequenciais.

### 3.1.8Programação

Um programa é constituído por uma ou mais instruções que realizam uma tarefa. Programar um PLC é simplesmente construir um conjunto de instruções. Existem várias formas de ver um programa, como a lógica ladder, listas de instruções ou diagramas de blocos funcionais.

### 3.1.9Lógica Ladder

A lógica em escada (LAD) é uma linguagem de programação utilizada com os autómatos. A lógica em escada utiliza componentes que se assemelham a elementos utilizados num diagrama de linhas para descrever o controlo com fios.

### 3.1.10 Diagrama lógico de ladder

A linha vertical esquerda de um diagrama lógico ladder representa o condutor de energia ou energizado. O elemento ou instrução de saída representa o neutro ou o caminho de retorno do circuito. A linha vertical direita, que representa o caminho de retorno num diagrama de linha de controlo com fios, é omitida. Os diagramas lógicos em escada são lidos da esquerda para a direita, de cima para baixo. Os degraus são por vezes designados por redes. Uma rede pode ter vários elementos de controlo, mas apenas uma bobina de saída.

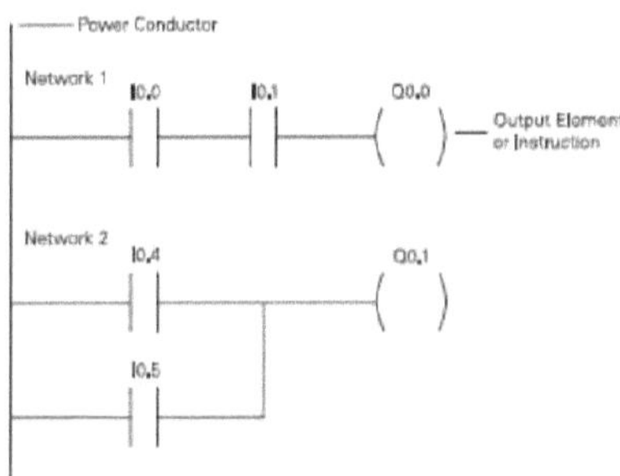


No programa de exemplo mostrado, os exemplos 10.0, 10.1 e QO.O representam a primeira combinação de instruções. Se as entradas 10.0 e 10.1 são energizadas, o relé de saída QO.O é energizado. As entradas podem ser interruptores, botões de pressão ou fechos de contacto. 10.4,10.5, e Q1.1 representam a segunda combinação de instruções. Se as entradas 10.4 ou 10.5 forem energizadas, o relé de saída Q0.1 é energizado.

### 3.1.11 Diagramas de blocos de funções

Os Diagramas de Blocos de Funções (FBD) fornecem outra visão de um conjunto de instruções. Cada função tem um nome para designar a sua tarefa específica. As funções são indicadas por um retângulo. As entradas são mostradas no lado esquerdo do retângulo e as saídas são mostradas no lado direito. O diagrama de blocos de funções apresentado abaixo executa a mesma função que a apresentada no diagrama ladder e na lista de instruções.

### 3.1.12 Ciclo de varrimento do PLC

O programa PLC é executado como parte de um processo repetitivo referido como varrimento. Uma varredura PLC começa com a CPU lendo o status das entradas. O programa de aplicação é executado usando o estado das entradas. Uma vez concluído o programa, a CPU efectua diagnósticos internos e tarefas de comunicação. O ciclo de varrimento termina com a atualização das saídas e depois recomeça. O tempo de ciclo depende do tamanho do programa, do número de E/S e da quantidade de comunicação necessária.

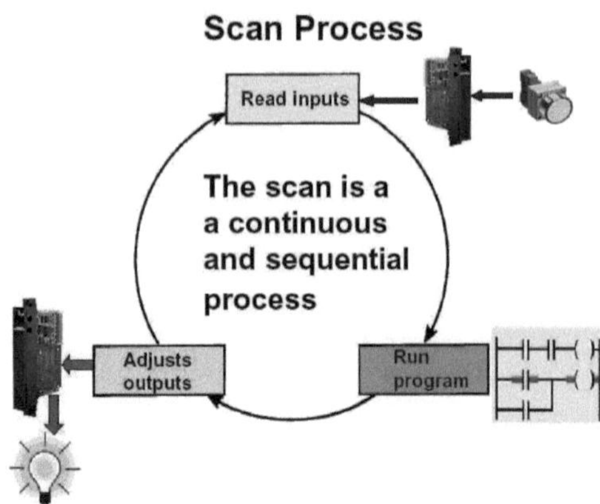


### 3.1.13 Software e hardware

**Software** é qualquer informação num formato que um computador ou PLC pode utilizar. O software inclui as instruções ou programas que dirigem o hardware.

**O hardware** é o equipamento efetivo. O PLC, o dispositivo de programação e o cabo de ligação são exemplos de hardware.

### 3.1.14 Esquemas de entrada/saída

As secções de interface I /0 de um PLC ligam-no aos dispositivos de campo externos. O principal objetivo das interfaces I /0 é condicionar os vários sinais recebidos ou enviados para os dispositivos externos de entrada ou saída.

**a. Módulo de entrada**

Converte sinais de dispositivos discretos ou analógicos em níveis lógicos aceitáveis para o processador do PLC. Os sinais de entrada são DC ou AC:

**Entradas DC**

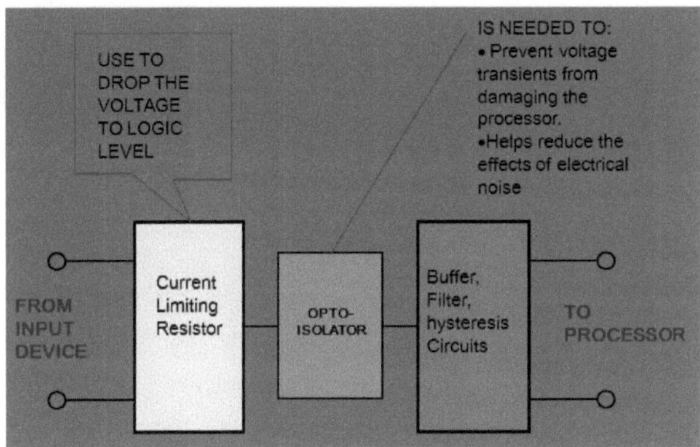


## Entradas AC

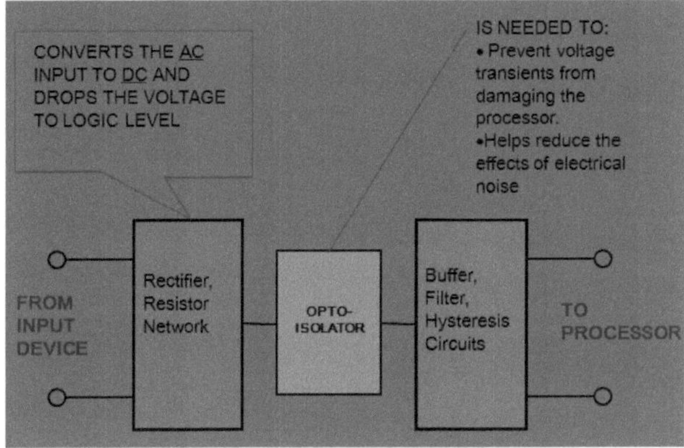


Do ponto de vista elétrico, o processo de isolamento desenrola-se como se indica a seguir:

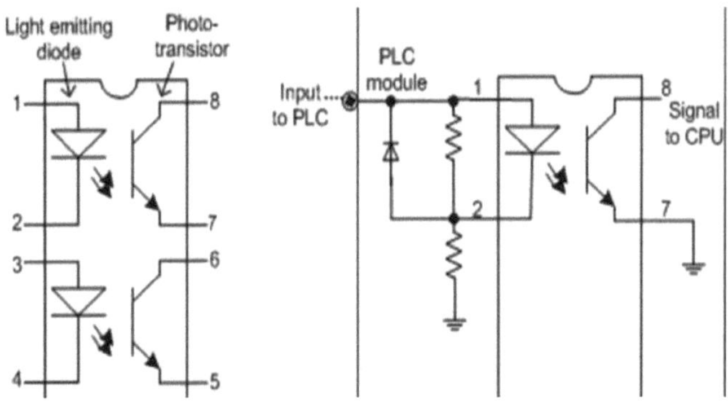


17

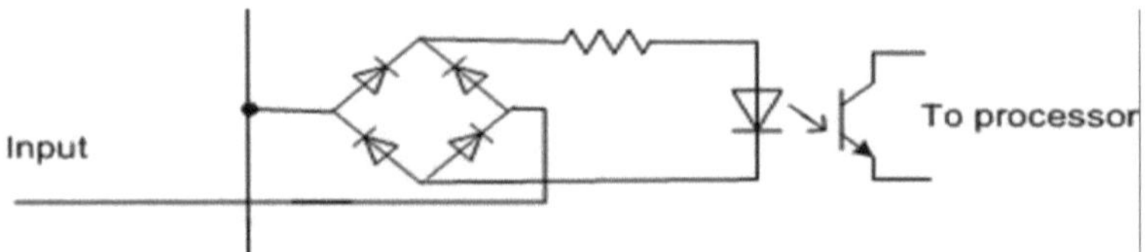


## b. Módulo de saída

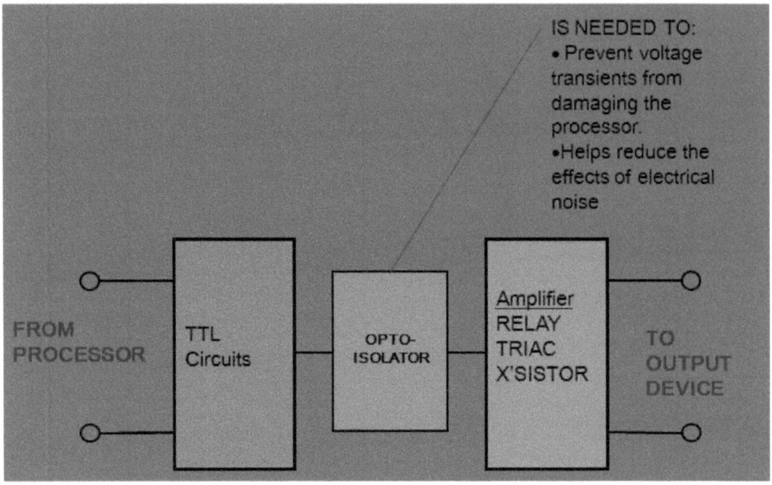

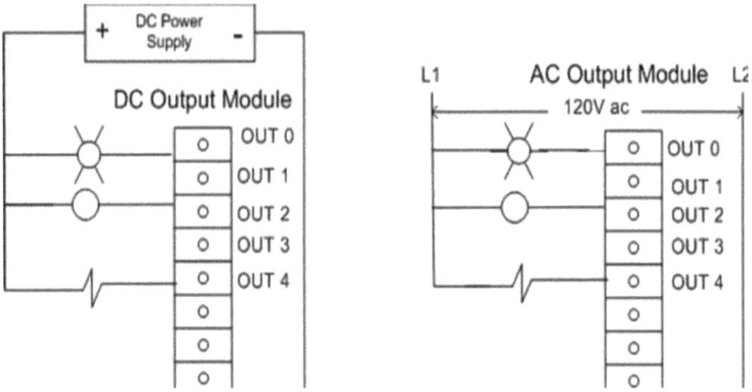

## 3.2 Memória do PLC

### 3.2.1 A memória do autómato é constituída por três tipos principais:

### a. RAM

A memória de acesso aleatório (RAM) é uma memória onde os dados podem ser acedidos diretamente em qualquer endereço. Os dados podem ser escritos e lidos na RAM. A RAM é utilizada como uma área de armazenamento temporário. A RAM é volátil, o que significa que os dados armazenados na RAM perder-se-ão em caso de falha de energia. É necessária uma bateria de reserva para evitar a perda de dados em caso de falha de energia.

## b. ROM

A memória ROM (Read Only Memory) é um tipo de memória a partir da qual os dados podem ser lidos, mas não escritos. Este tipo de memória é utilizado para proteger dados ou programas contra apagamento acidental. A memória ROM é não volátil. Isto significa que um programa de utilizador não perderá dados durante uma perda de energia eléctrica. A ROM é normalmente utilizada para armazenar os programas que definem as capacidades do PLC.

## c. EPRPM

A EPROM (Erasable Programmable Read Only Memory) proporciona um certo nível de segurança contra alterações não autorizadas ou indesejadas num programa. As EPROMs são concebidas de modo a que os dados nelas armazenados possam ser lidos, mas não facilmente alterados. A alteração dos dados da EPROM requer um esforço especial. As UVEPROMs (ultraviolet erasable programmable read only memory) só podem ser apagadas com uma luz ultravioleta. EEPROM (electronically erasable programmable read only memory), só pode ser apagada eletronicamente.

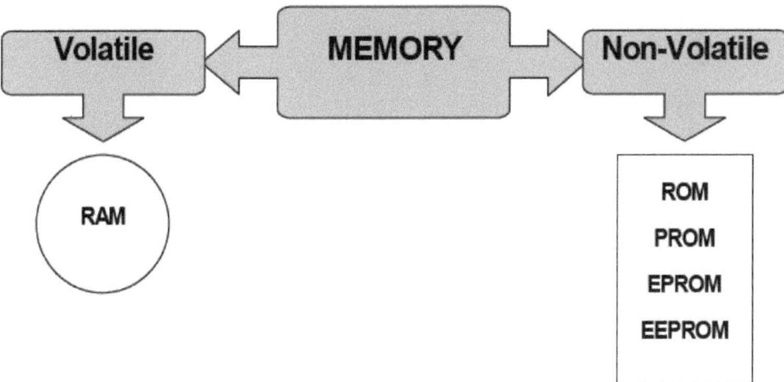


## 3.2.2 Tamanho da memória e organização do mapa

O quilo, abreviado K, refere-se normalmente a 1000 unidades. No entanto, quando se fala de memória de computador ou de PLC, IK significa 1024. Isto deve-se ao sistema numérico binário (210=1024). Isto pode ser 1024 bits, 1024 bytes ou 1024 palavras, consoante o tipo de memória.

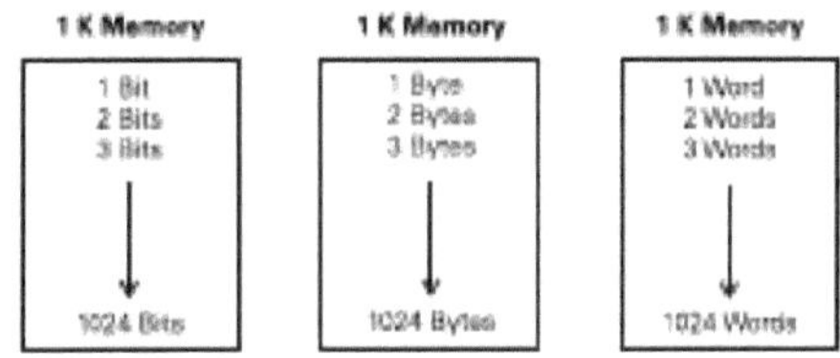

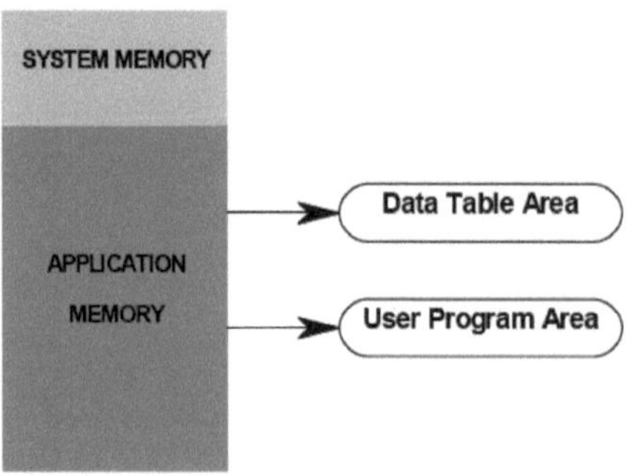


**A Memória do Sistema** inclui uma área denominada "EXECUTIVA", composta por programas permanentemente armazenados que dirigem todas as actividades do sistema, tais como a execução dos programas de controlo dos utilizadores, a comunicação com os dispositivos periféricos e outras actividades do sistema. Contém também as rotinas que implementam o conjunto de instruções do PLC (Lógica, Temporização, Contagem, Aritmética, etc ....). É geralmente construído a partir de dispositivos ROM.

**A memória de aplicação** está dividida em áreas:

• ÁREA DA TABELA DE DADOS que armazena todos os dados associados ao programa de controlo do utilizador (dados de estado das entradas e saídas, constantes e variáveis armazenadas ou valores predefinidos). É aqui que os dados são monitorizados, manipulados e alterados para efeitos de controlo.

• A ÁREA DE PROGRAMA é onde as instruções programadas introduzidas pelo utilizador são armazenadas como um programa de controlo da aplicação.

### 3.2.3 Capacidade de memória

A quantidade de memória necessária para uma determinada aplicação está relacionada com o comprimento do programa e a complexidade do sistema de controlo. Aplicações simples com apenas alguns relés não requerem uma quantidade significativa de memória. É vantajoso adquirir um controlador que tenha mais memória do que a necessária no momento.

## Revisão 2

Q1:Um interrutor ou um botão de pressão é uma entrada _______.

Q2: Uma lâmpada ou um solenoide é um exemplo de um_______.

Q3: O _______ toma decisões e executa instruções de controlo com base nos sinais de entrada.

Q4: _______ é uma linguagem de programação de PLC que utiliza componentes semelhantes aos elementos utilizados num diagrama de linhas.

Q5: Um __________ é composto por uma ou mais instruções que realizam uma tarefa.

Q6: A memória está dividida em três áreas: __________, __________ e __________.

Q7: Quando se fala de memória de computador ou de PLC, IK refere-se a bits, bytes ou palavras.

Q8: O software que é colocado no hardware é designado por __________.

Q9: Qual das seguintes opções <u>não é</u> necessária para criar ou alterar um programa PLC?

a. PLC

b. Dispositivo de programação

c. Software de programação

d. Cabo

e. Impressora

Q10: É necessário um cabo especial, designado por cabo __________, quando um PC é utilizado como dispositivo de programação.

# CAPÍTULO 4

# LOGO! PLC

## 1.1 Conhecer e ligar o LOGO! PLC

## 4.1.1 Conhecer o LOGO! PLC

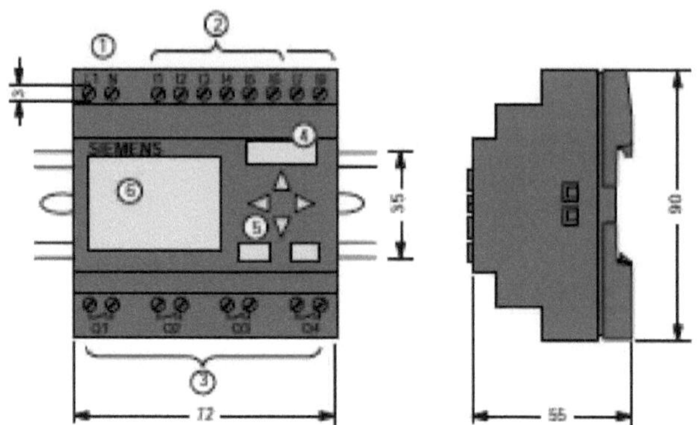

- Fonte de alimentação
- Entradas
- Saídas
- Eixo do módulo com tampa
- Painel de controlo
- LCD

**Como reconhecer qual o modelo de PLC LOGO! PLC de que necessitamos?**

A designação PLC do LOGO! contém informações sobre várias características:

- 12: 12 VDC

-24: 24 VDC

-230: 115/230VAC

- R: Saídas de relé (sem R: Saída de transístor)

- C: Interruptor horário integrado de sete dias

- o: Variante sem ecrã

Exemplos

LOGO! 12/24 RC, LOGÓTIPO! 230 RCo, LOGO! 24

## 4.1.2 Cablagem LOGO! PLC

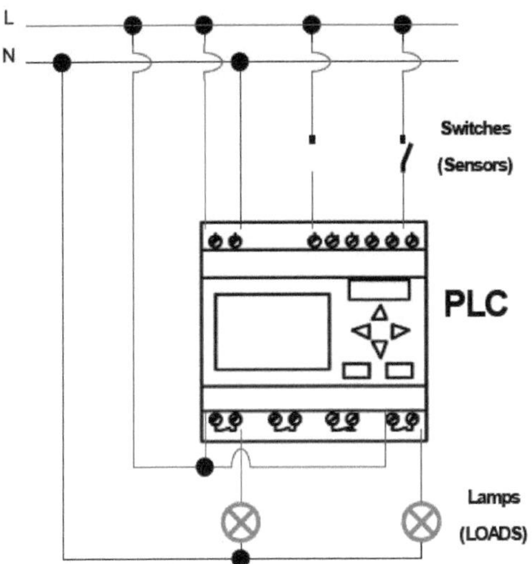


### 4.1.3 Programação LOGO! PLC

LOGO! Pode ser programado por dois métodos:

1. Programação do LOGO! Diretamente no módulo básico, utilizando o painel de controlo e o LCD (primeiro método).

2. Programação do LOGO! Por um software chamado "Soft Comfort" com diferentes versões usando um PC. Depois de terminar o procedimento de programação, pode ser carregado para o PLC através de um cabo chamado "Cabo de Dados" (Segundo Método).

### 4.1.4O método 1 [st]

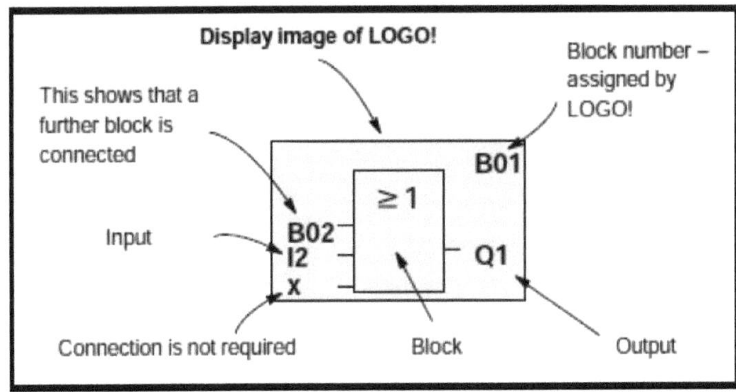

Block numbers
B2
These blocks are
interconnected
x
I1
I2
I3
≥1
B1
B3
x
I4
I5
I6
≥1
B1
B1
x
B2
B3
x
≥1
Q1
B1
Q1
- - Scrolling the circuit program using the key ◄

Programming mode
Main menu
>Program..
Card..
Clock..
Start
OK
ESC
Programming menu
>Edit..
Clear Prg
Password
OK
Transfer menu
ESC
> →Card
Card→
CopyProtect
OK
ESC
Real-time clock menu
>Set Clock
S/W Time
Sync
= LOGO!

Parameter assignment mode
Parameter assignment menu
>Stop
Set Param
Set Clock
Prg Name

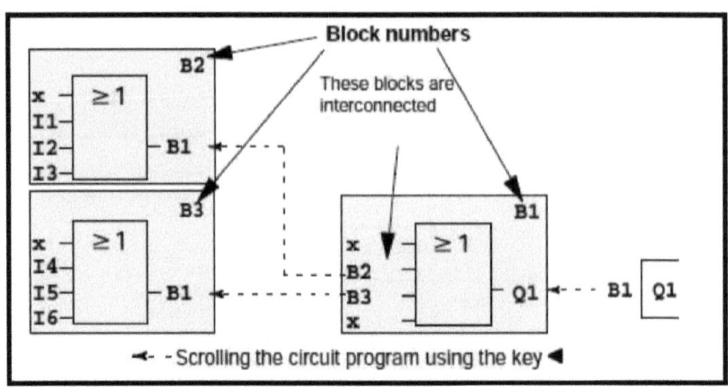

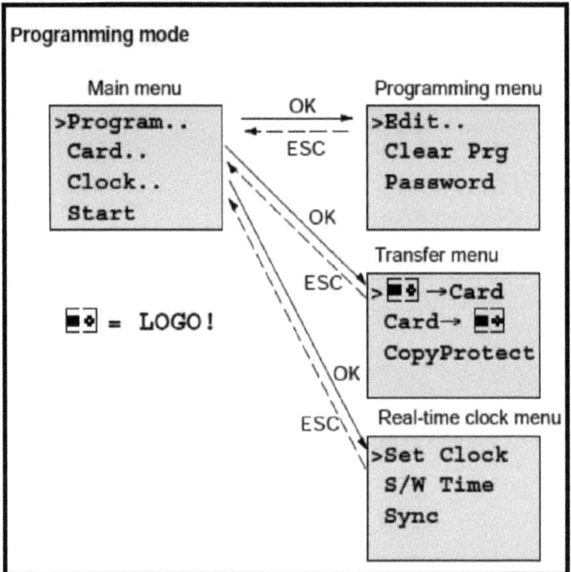

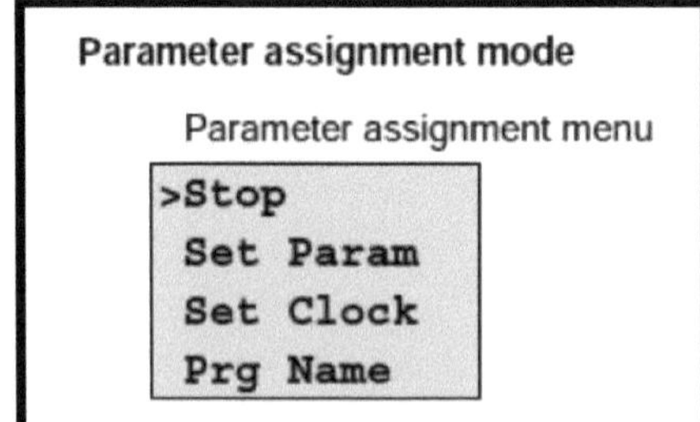

**Exemplo (1)**

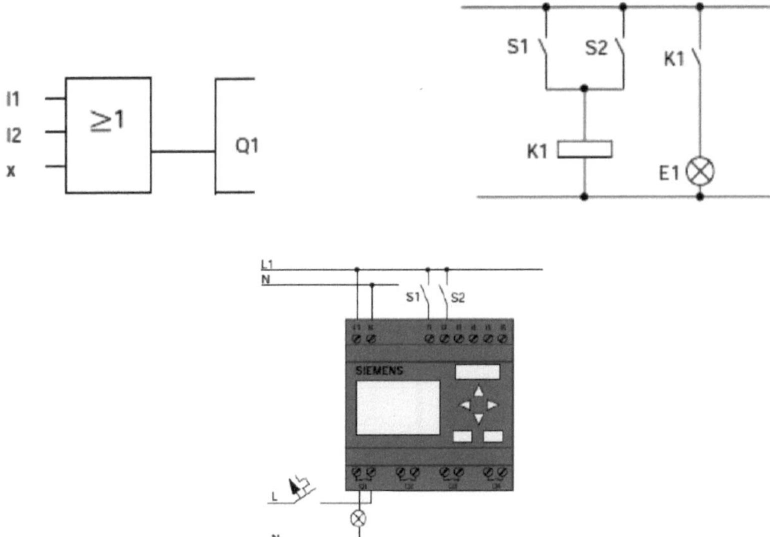

**Exemplo (2)**

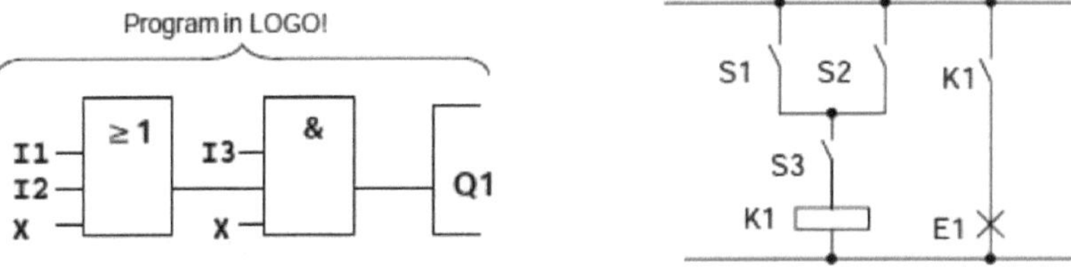


**Exemplo (3)**

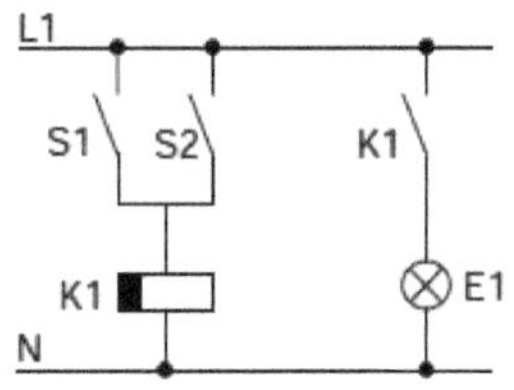

## 4.1.4 O método 2<sup>nd</sup>

O software utilizado neste curso para programar o LOGO! PLC por um PC é conhecido como Soft Comfort V6.0, ele tem muitas características e funções que são:

**a. Funções básicas**

1) Entradas e saídas digitais

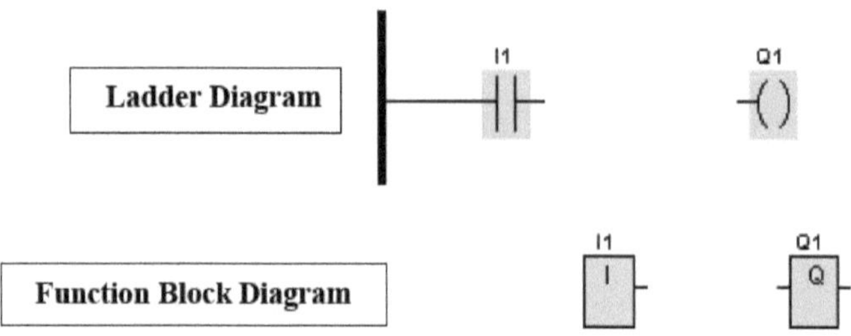



## 2) Entradas e saídas analógicas

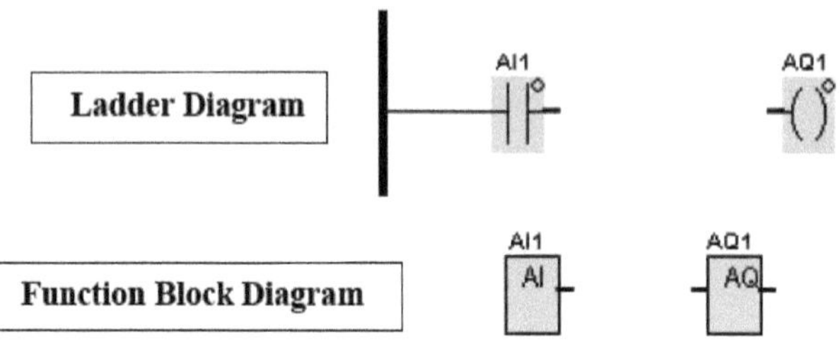



## 3) Elementos lógicos simples da álgebra booleana

*- Porta AND*

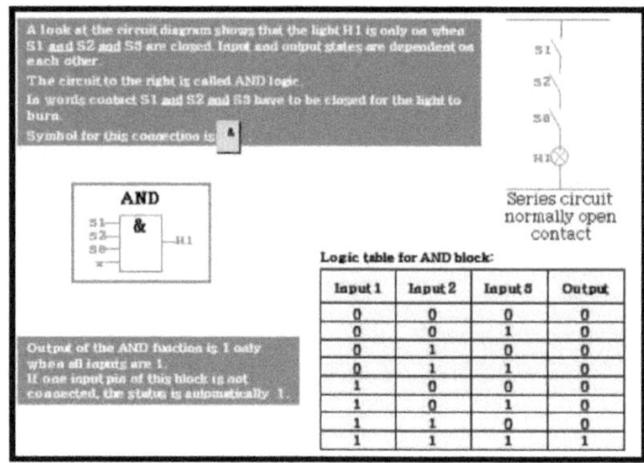



| Input 1 | Input 2 | Input 3 | Output |
|---|---|---|---|
| 0 | 0 | 0 | 0 |
| 0 | 0 | 1 | 0 |
| 0 | 1 | 0 | 0 |
| 0 | 1 | 1 | 0 |
| 1 | 0 | 0 | 0 |
| 1 | 0 | 1 | 0 |
| 1 | 1 | 0 | 0 |
| 1 | 1 | 1 | 1 |

*- Porta OR*

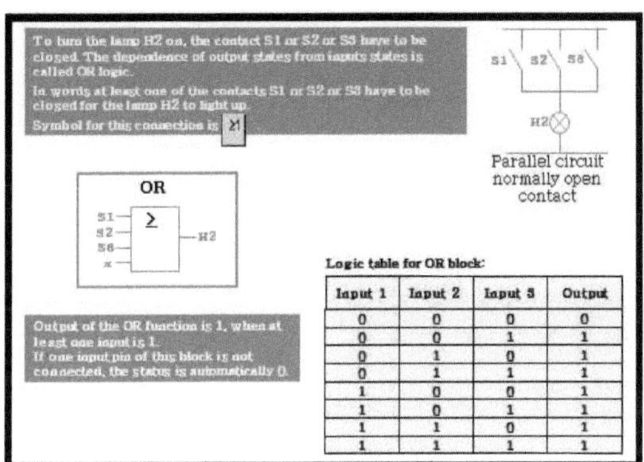



| Input 1 | Input 2 | Input 3 | Output |
|---|---|---|---|
| 0 | 0 | 0 | 0 |
| 0 | 0 | 1 | 1 |
| 0 | 1 | 0 | 1 |
| 0 | 1 | 1 | 1 |
| 1 | 0 | 0 | 1 |
| 1 | 0 | 1 | 1 |
| 1 | 1 | 0 | 1 |
| 1 | 1 | 1 | 1 |

## - Porta NAND

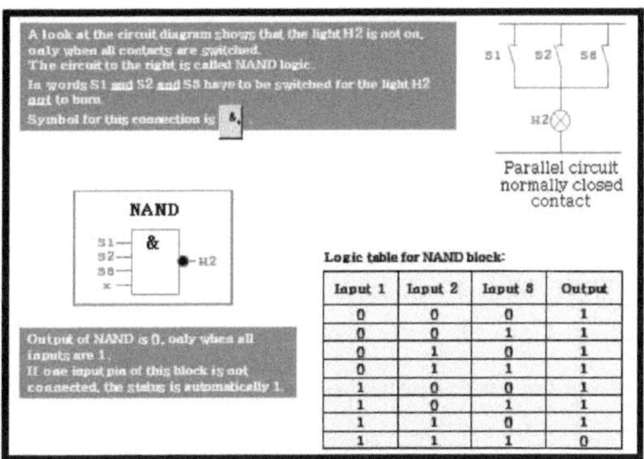



| Input 1 | Input 2 | Input 3 | Output |
|---|---|---|---|
| 0 | 0 | 0 | 1 |
| 0 | 0 | 1 | 1 |
| 0 | 1 | 0 | 1 |
| 0 | 1 | 1 | 1 |
| 1 | 0 | 0 | 1 |
| 1 | 0 | 1 | 1 |
| 1 | 1 | 0 | 1 |
| 1 | 1 | 1 | 0 |

## - Porta NOR

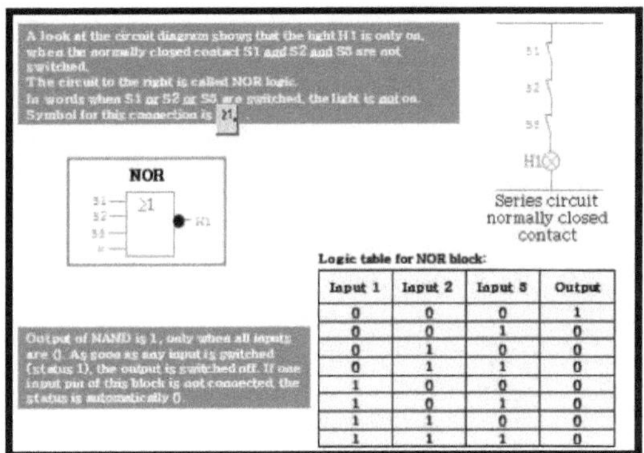



| Input 1 | Input 2 | Input 3 | Output |
|---|---|---|---|
| 0 | 0 | 0 | 1 |
| 0 | 0 | 1 | 0 |
| 0 | 1 | 0 | 0 |
| 0 | 1 | 1 | 0 |
| 1 | 0 | 0 | 0 |
| 1 | 0 | 1 | 0 |
| 1 | 1 | 0 | 0 |
| 1 | 1 | 1 | 0 |

## - Porta XOR

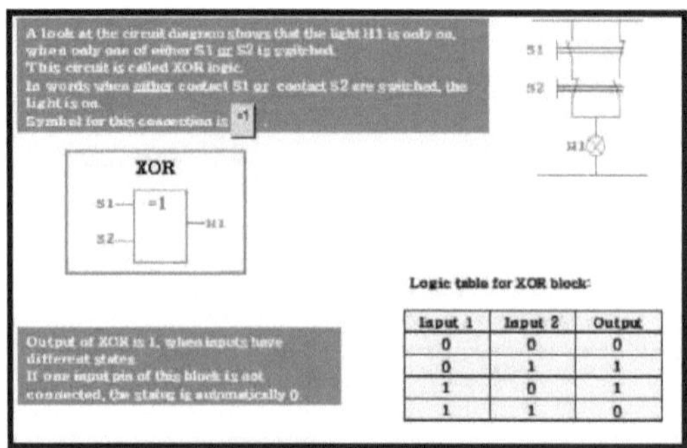

*- Porta NOT*

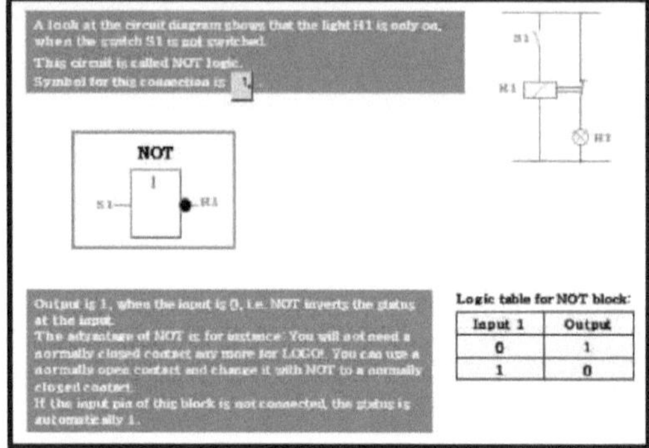

## b. Funções especiais

1) Temporizador ON-DELAY

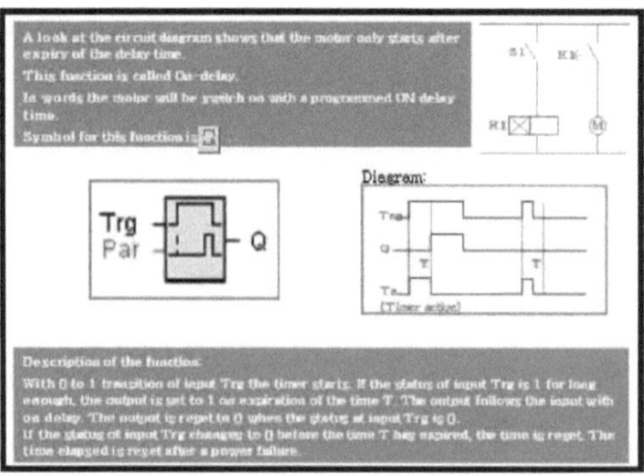

2) Temporizador OFF-DELAY

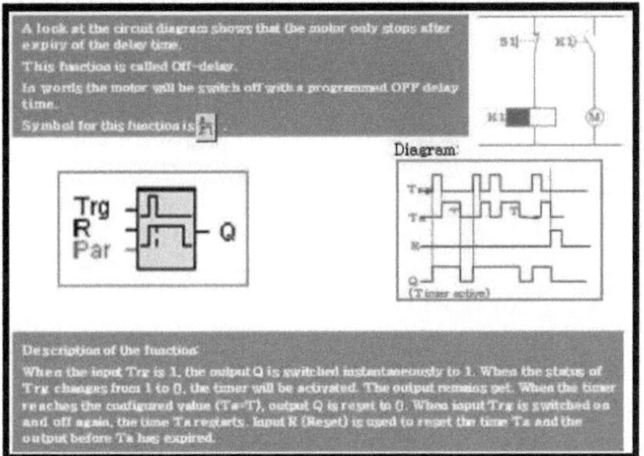

## 3) Gerador de PULSO ASSÍNCRONO

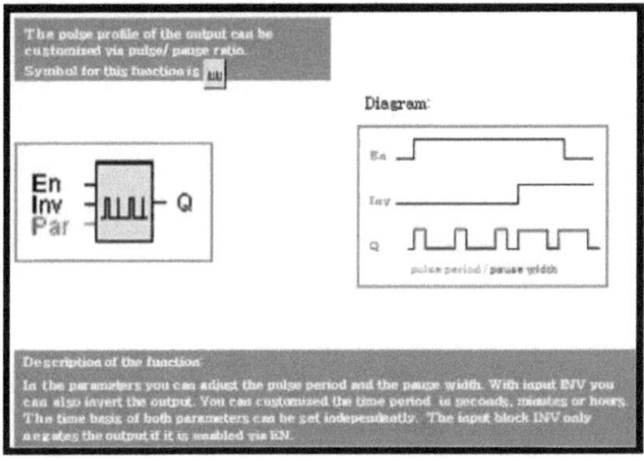

## 4) Contador UP/DOWN

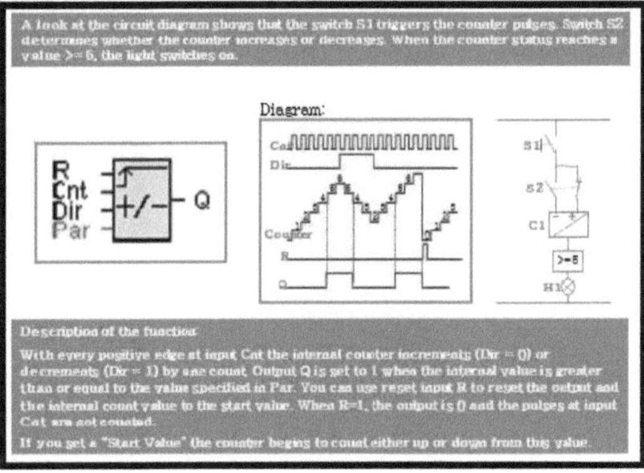

## 5) relé de fixação

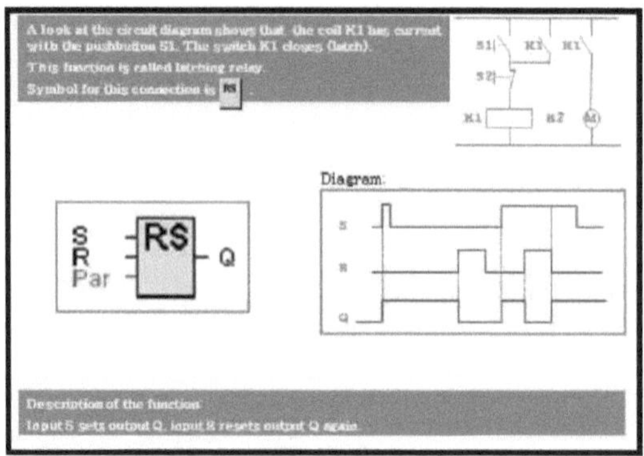


## 6) Acionador ANALOG THRESHOLD

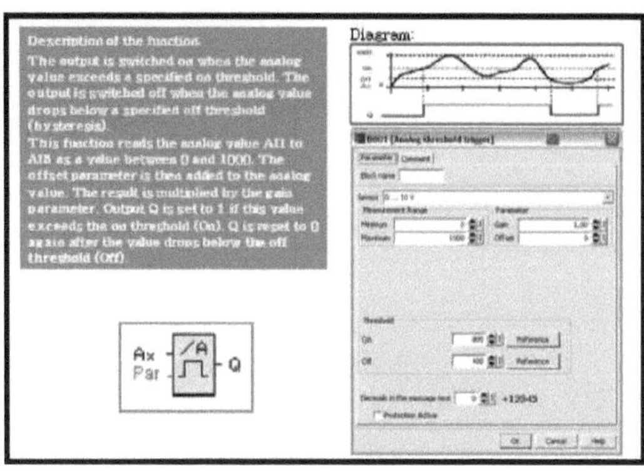


### 4.1.6 Calcular o ganho e o desvio de valores analógicos

Um sensor é ligado à entrada analógica e converte uma variável de processo num sinal elétrico. Este valor de sinal encontra-se dentro da gama típica deste sensor. O PLC converte sempre os sinais eléctricos na entrada analógica em valores digitais de 0 a 1000.

Uma tensão de 0 a 10 V na entrada AI é transformada internamente numa gama de valores de 0 a 1000. Uma tensão de entrada superior a 10 V é apresentada como valor interno 1000.

Uma vez que nem sempre é possível processar a gama de valores de 0 a 1000 predeterminada pelo PLC, é possível multiplicar os valores digitais por um fator de ganho e depois deslocar o zero da gama de valores (desvio). Isto permite-lhe emitir um valor analógico para o ecrã do PLC, que é proporcional à variável de processo real.

### *Escala de valores de medição analógicos no LOGO! Conforto suave*

A equação geral de escalonamento de um valor analógico é mostrada abaixo:

**Valor analógico ($A_y$) = Valor normalizado ($A_x$). Ganho (G) + Desvio (m)**

Que é uma equação de uma linha reta,

$$Y = m.X + C$$

Onde:

$$m = \frac{\Delta y}{\Delta x} \quad \& \quad C = y \text{ offset}$$

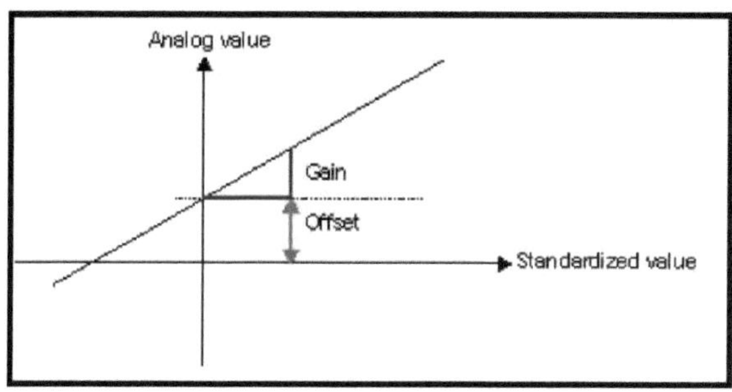


## Exemplo

O seguinte exemplo de cálculo demonstra o escalonamento de valores de medição analógicos no LOGO! Soft Comfort. Um módulo de pesagem com uma gama de 0 kg a 10 kg fornece a gama de pesagem como uma tensão proporcional de 0,5 V a 4,7 V. Para o processamento correto destes valores no LOGO! devem ser definidos os seguintes parâmetros:

- Ganho

- Desvio

Para dar uma definição clara destes parâmetros, a tensão de medição foi colocada no eixo X e o peso a medir no eixo Y de um sistema de coordenadas cartesianas. Os dois pontos conhecidos (0,5V/0kg) e (4,7V/10kg) foram introduzidos como uma cruz e unidos por uma linha reta.

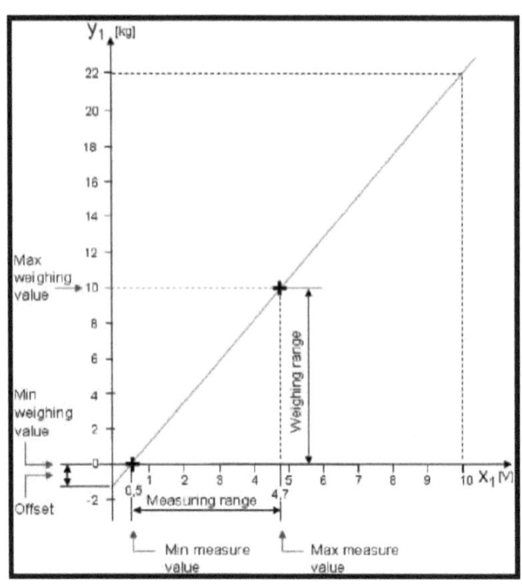


| **Não.** | **Comentário** |
|---|---|
| 1 | A seguinte fórmula é derivada da representação: $$Peso = Ganho * Tensão + Desvio$$ O ganho corresponde ao gradiente das linhas rectas. Para calcular o Ganho é necessário determinar o gradiente das rectas. |
| 2 | Ganho = gama de pesagem / gama de medição = (valor de pesagem máximo - valor de pesagem mínimo) / (valor de medição máximo - valor de **medição** mínimo). O resultado para o presente exemplo é: $$Ganho = (10 \text{ kg} - 0 \text{ kg}) / (4,7 \text{ V} - 0,5 \text{ V}) = 2,38 \text{ kg/V}$$ |
| 3 | Assumindo que o valor mínimo medido é um peso de 0kg, o desvio é calculado da seguinte forma: $$Desvio = Ganho * Valor \text{ mínimo medido}$$ |

O resultado para o presente exemplo é:

$$\text{Desvio} = 2{,}38 \text{ kg/V} * (-0{,}5 \text{ V}) = -1{,}19 \text{ kg}$$

Introduzir o valor 2,38 para o parâmetro "Gain" no campo de diálogo apropriado do amplificador analógico.

O desvio só pode ser dado como um número inteiro. O valor de "-1,19 kg" calculado no exemplo acima tem de ser multiplicado por um fator de 100. O desvio é então "-119 kg", que é introduzido no campo apropriado da caixa de diálogo do amplificador analógico.

Para poder apresentar os valores em "kg", introduza "2" em "Casas decimais no texto da mensagem".

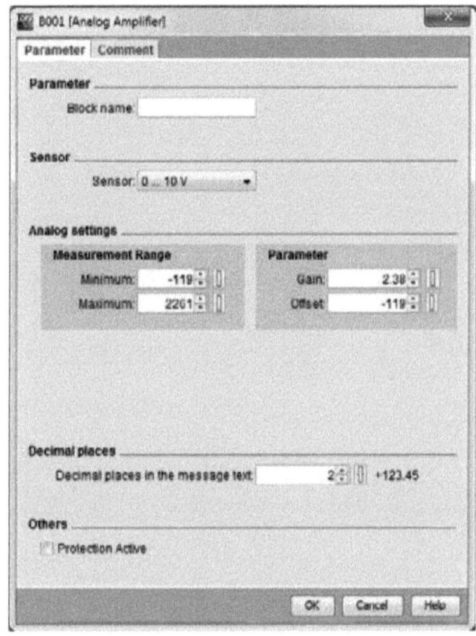

Os parâmetros "Mínimo" e "Máximo" são calculados automaticamente pelo LOGO! Comfort.

**Problemas**

1) Um sensor de temperatura, cuja gama de medição é (-50 a 100°C). Analise o procedimento de deteção se a temperatura a ser medida for 25°C.

2) Um sensor de pressão, cuja gama de medição é (1000 - 5000 mbar). Analisar o procedimento de deteção se a pressão a ser medida for 3700 mbar.

3) Um sensor de temperatura, cuja gama de medição é (-30 a 70°C). Analisar o procedimento de deteção se a temperatura a ser medida for 0°C.

# Revisão 3

1. Identificar os seguintes símbolos:

a) _________

b) ___________

c) ___________

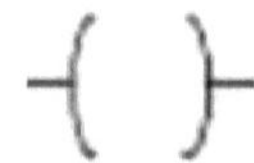

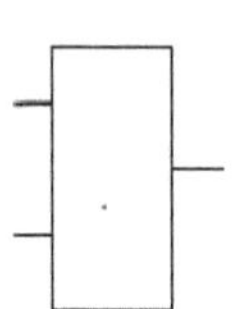

## 2. Preencher os quadros seguintes:

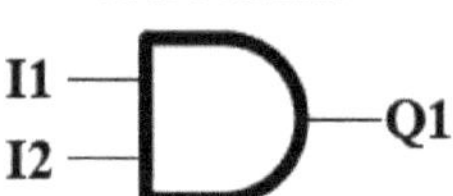

| I1 | I2 | Q1 |
|----|----|----|
| 0  | 0  |    |
| 1  | 0  |    |
| 0  | 1  |    |
| 1  | 1  |    |

| I3 | I4 | Q2 |
|----|----|----|
| 0  | 0  |    |
| 1  | 0  |    |
| 0  | 1  |    |
| 1  | 1  |    |

3. No seguinte LAD, QI será verdadeiro (Lógica 1) quando _______ ou _______ for verdadeiro e quando _______ for verdadeiro.

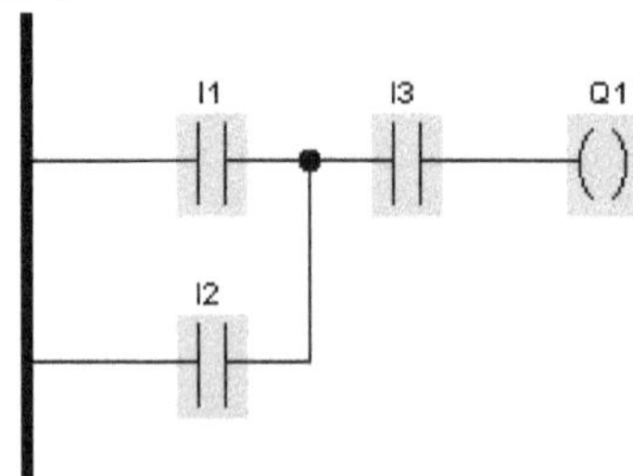

# Capítulo 5

## Aplicações

### 1. Aplicação #1

*Porta automática*

É frequente encontrar sistemas de controlo automático de portas na entrada de supermercados, edifícios públicos, bancos, hospitais, etc. .............

a) Exigências de uma porta automática

• Quando alguém se aproxima, a porta deve abrir-se automaticamente.

• A porta deve permanecer aberta até que não haja mais ninguém no vão da porta.

• Se já não houver ninguém na porta, esta deve fechar-se automaticamente após um curto período de tempo.

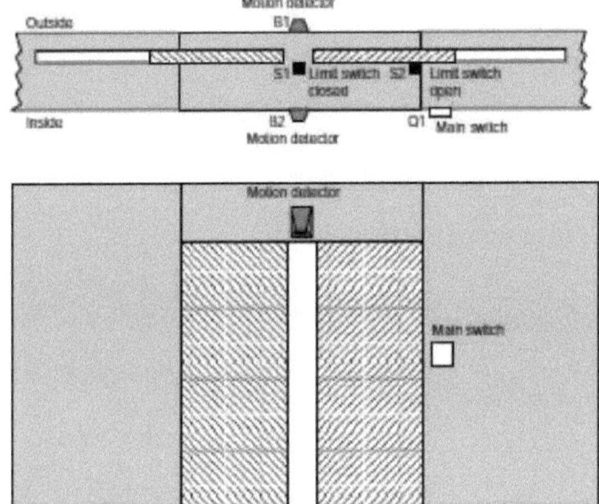


A porta é geralmente accionada por um motor com uma embraiagem de segurança. Isto evita que as pessoas fiquem presas ou feridas na porta. O sistema de controlo é ligado à rede eléctrica através de um interrutor principal.

**Solução tradicional**

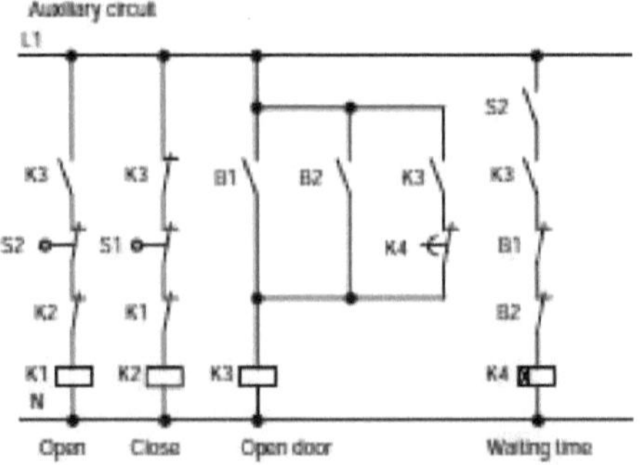


Assim que um dos detectores de movimento B1 ou B2 regista a presença de alguém, a porta é aberta por K3. Se os dois detectores de movimento não detectarem nada durante um período mínimo, K4 ativa a operação de fecho.

b) Sistema de controlo de portas com PLC

O PLC permite-lhe simplificar consideravelmente o circuito. Basta ligar ao PLC os detectores de movimento, os interruptores de fim de curso e os contactores principais.

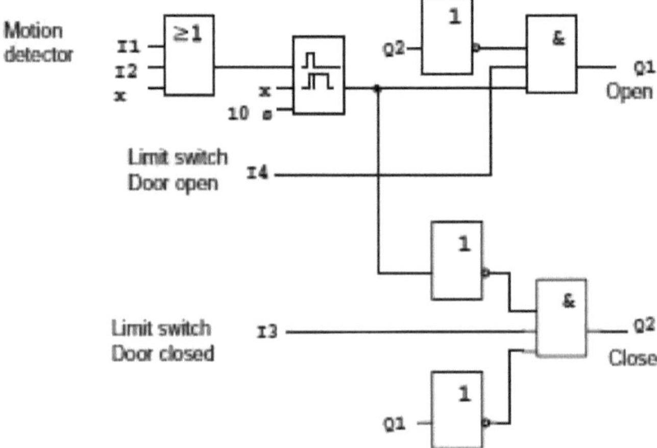

<h1 style="text-align:center">Cablagem do sistema de controlo de portas com PLC</h1>

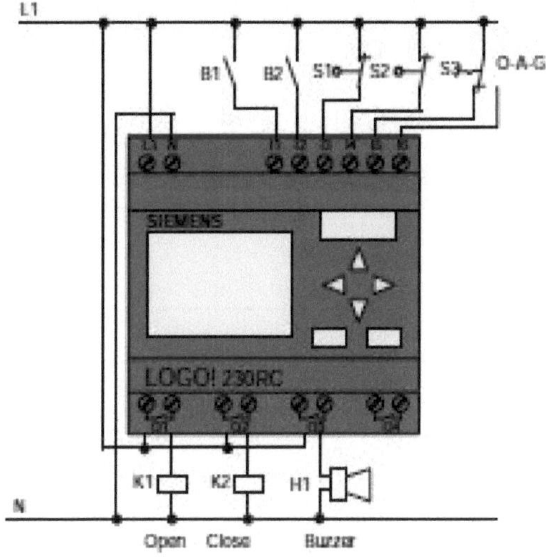


## 5.2 Aplicação #2

*Sistema de ventilação*

a) Exigências de um sistema de ventilação

O objetivo de um sistema de ventilação é trazer ar fresco para uma divisão ou extrair ar viciado de uma divisão. Considere o seguinte exemplo.

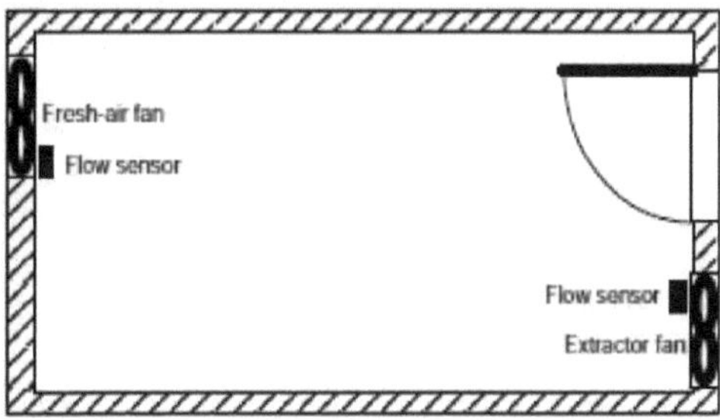


- O quarto tem um exaustor e uma ventoinha de ar fresco.

- Ambos os ventiladores são monitorizados por um sensor de fluxo.

- A pressão no compartimento não deve ultrapassar a pressão atmosférica.

- O ventilador de ar fresco só deve ser ligado se o sensor de fluxo assinalar um funcionamento fiável do exaustor.

- Uma luz de aviso indica se um dos ventiladores falhar.

<h1 style="text-align:center">Solução tradicional</h1>

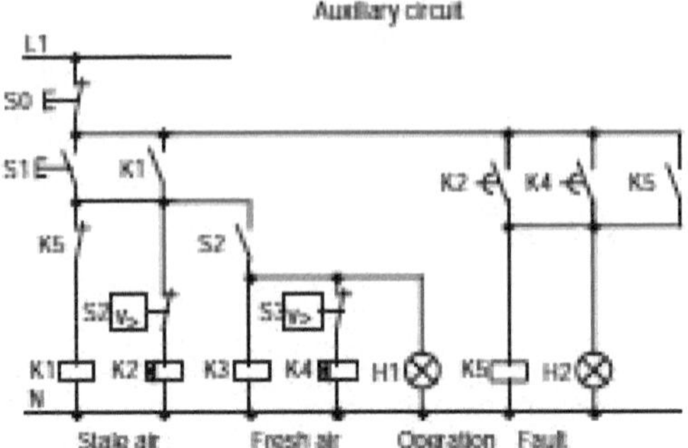



Os ventiladores são monitorizados por sensores de fluxo. Se, após um curto período de tempo, não for registado qualquer fluxo de ar, o sistema é desligado e é comunicada uma avaria. Confirme isto premindo o interrutor de paragem. A monitorização dos ventiladores requer um circuito de análise com vários dispositivos de comutação, para além dos sensores de fluxo. O circuito de análise pode ser substituído por um único PLC.

<h3 style="text-align:center">Diagrama de blocos da solução PLC</h3>

O diagrama de blocos do sistema de controlo da ventilação com PLC é o seguinte

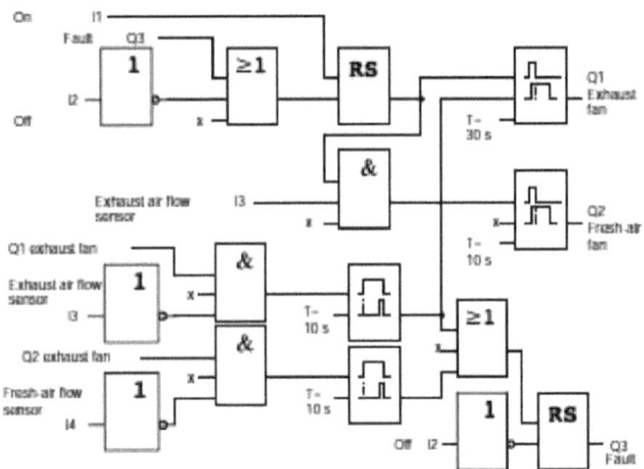



<h2 style="text-align:center">Cablagem do sistema de ventilação com PLC</h2>

38

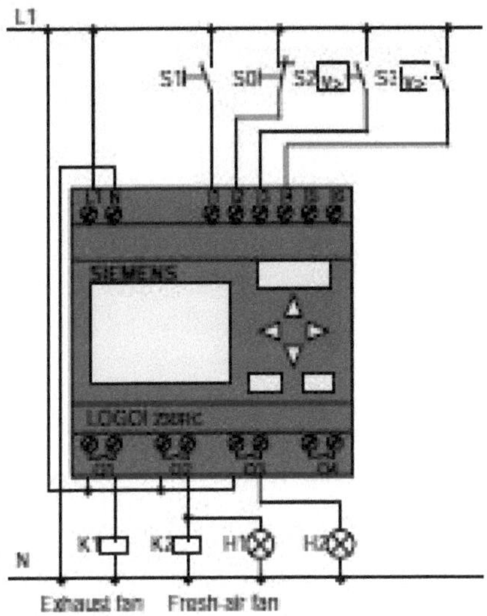


## 5.3 Aplicação #3

*Bomba de água doméstica*

Atualmente, as casas particulares estão a utilizar cada vez mais a água da chuva juntamente com a água da rede de abastecimento doméstico. Isto poupa dinheiro e ajuda a proteger o ambiente. A água da chuva pode ser utilizada, por exemplo, para os seguintes fins:

- Lavagem de roupa

- Regar o jardim

- Regar plantas de interior

- Lavar o carro

- Descarregar o autoclismo

O esquema abaixo ilustra o funcionamento de um sistema de abastecimento de água da chuva

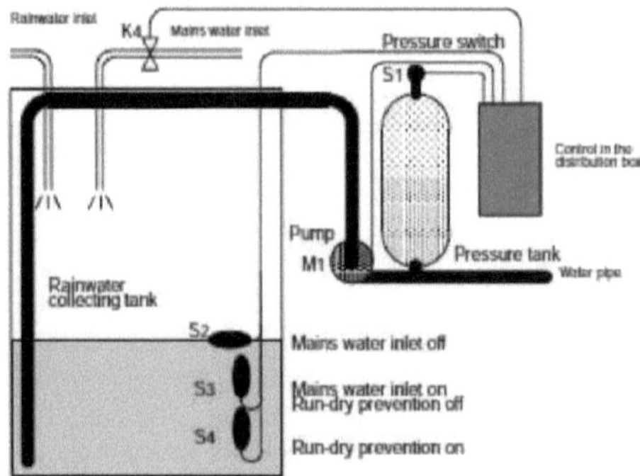



A água da chuva é recolhida numa grande bacia de água. A água é bombeada por uma estação de bombagem para um sistema de tubagem previsto para o efeito. A partir daí, pode ser extraída da mesma forma que o abastecimento normal de água doméstico. Se a água da bacia se esgotar, pode ser enchida com água da rede

a) Exigências do sistema de controlo de uma bomba de água da chuva

• O sistema deve ser capaz de fornecer água em qualquer altura. Se necessário, o sistema de controlo deve passar para a água da rede se a água da chuva se esgotar.

• O sistema não deve permitir que a água da chuva entre na rede de abastecimento quando se passa para a água da rede.

• A bomba não pode ser ligada se não houver água suficiente no reservatório de água da chuva (sistema de prevenção de secagem).

## Solução tradicional

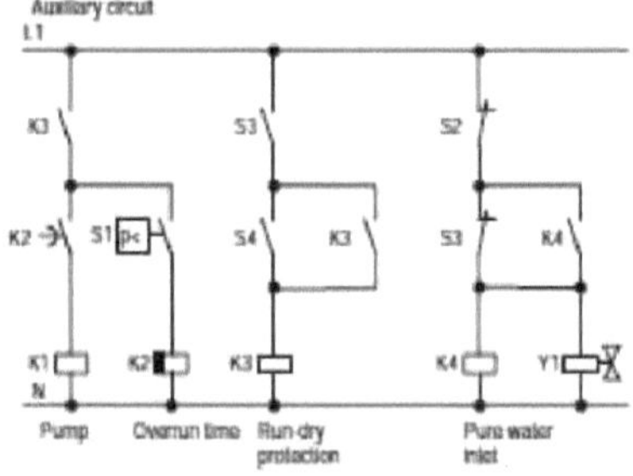



A bomba e uma electroválvula são controladas por meio de um pressostato e de 3 interruptores de boia que estão instalados no coletor de águas pluviais. A bomba deve ser ligada quando a pressão no cilindro desce abaixo do nível mínimo. Uma vez atingida a pressão de funcionamento, a bomba é novamente desligada após um curto período de funcionamento de alguns segundos. O tempo de funcionamento impede que a bomba de água entre e saia continuamente se a água for retirada durante algum tempo.

## Bomba de água da chuva com LOGO! PLC

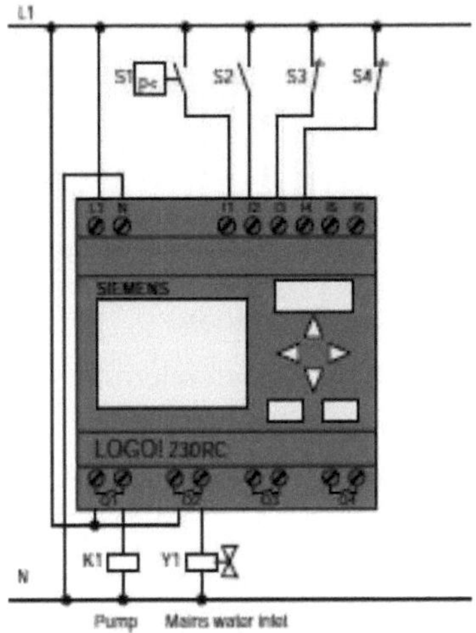


Para além do LOGO! PLC, só precisa do interrutor de pressão e dos interruptores de boia para controlar a bomba. Se estiver a utilizar um motor CA trifásico, deve utilizar um contactor principal para comutar a bomba. Nos sistemas que utilizam bombas CA monofásicas, é necessário instalar um contactor se a bomba CA necessitar de uma corrente superior à que pode ser ligada pelo relé de saída QI. A potência de uma electroválvula é tão baixa que, normalmente, pode ser controlada diretamente.

**Diagrama de blocos da solução LOGO! Solução PLC**

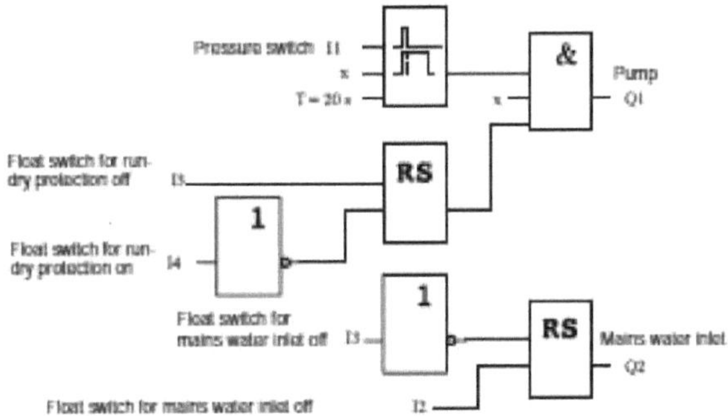


## 5.4 Aplicação #4

*Portão industrial*

É frequente existir um portão à entrada das instalações de uma empresa. Este só é aberto para permitir a entrada e saída de veículos. O portão é controlado pelo porteiro.

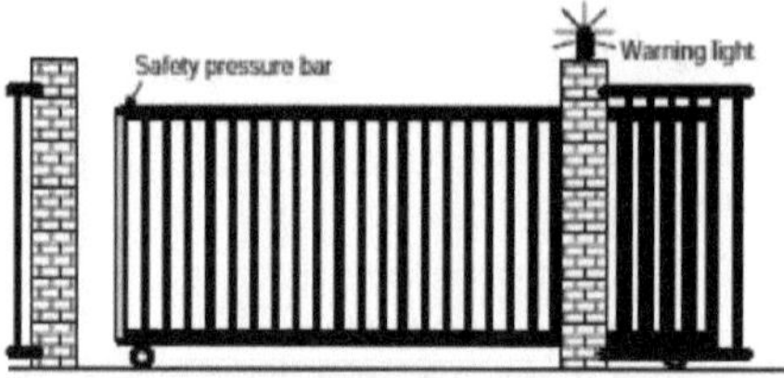


a) Exigências do sistema de controlo de portões

• O portão abre-se e fecha-se accionando um interrutor na portaria. O porteiro pode, ao mesmo tempo, controlar o funcionamento do portão.

• O portão está normalmente totalmente aberto ou fechado. No entanto, o movimento da porta pode ser interrompido em qualquer altura.

• Uma luz intermitente é activada 5 segundos antes de a porta começar a mover-se e continua enquanto a porta estiver em movimento.

• Uma barra de pressão de segurança garante que ninguém se magoa e que nada fica preso ou danificado quando o portão se fecha

Solução tradicional

São utilizados vários tipos de sistemas de controlo para acionar os portões automáticos. O diagrama de circuitos mostra um circuito possível de controlo de portões.

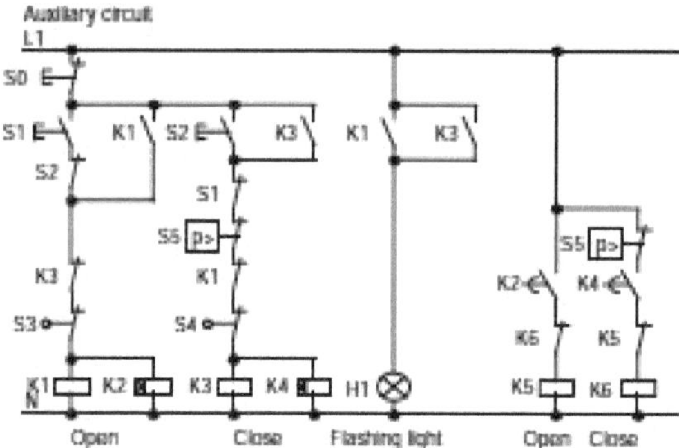


LOGO! Solução PLC

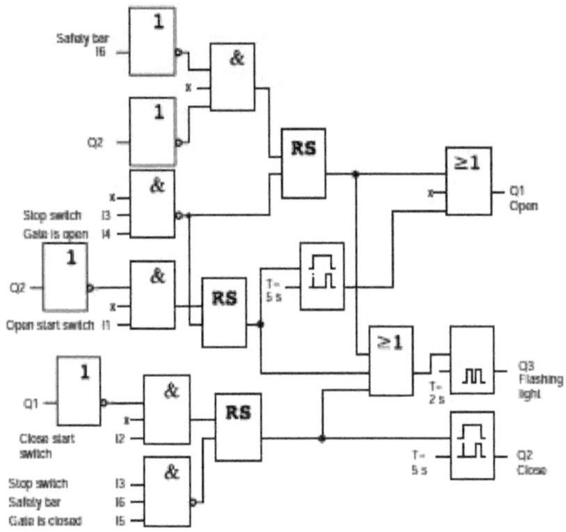

## Cablagem do sistema de controlo de portões com LOGO! PLC

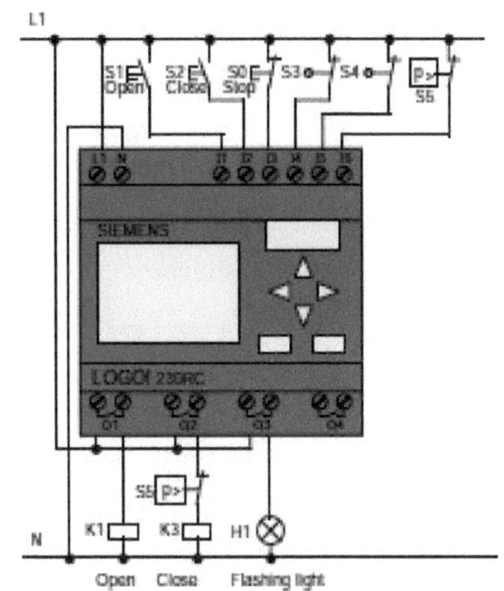

## 5.5 Aplicação #5

*Luminárias fluorescentes*

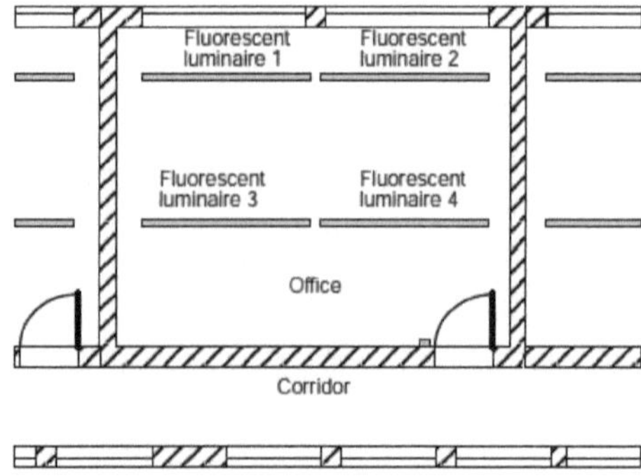


Quando se planeiam sistemas de iluminação nas empresas, o tipo e o número de lâmpadas utilizadas dependem do nível de iluminação necessário. Por razões de eficiência económica, são frequentemente utilizadas luminárias fluorescentes dispostas em filas de tubos. Estas são subdivididas em grupos de comutação de acordo com a utilização da divisão.

a) Exigências do sistema de iluminação

• As luminárias fluorescentes são ligadas e desligadas localmente.

• Se houver luz natural suficiente, as luminárias do lado da janela da sala são desligadas automaticamente através de um interrutor sensível à luminosidade.

• As luzes são desligadas automaticamente às 20h00.

• As luzes devem poder ser ligadas e desligadas a qualquer momento a nível local.

### Solução anterior

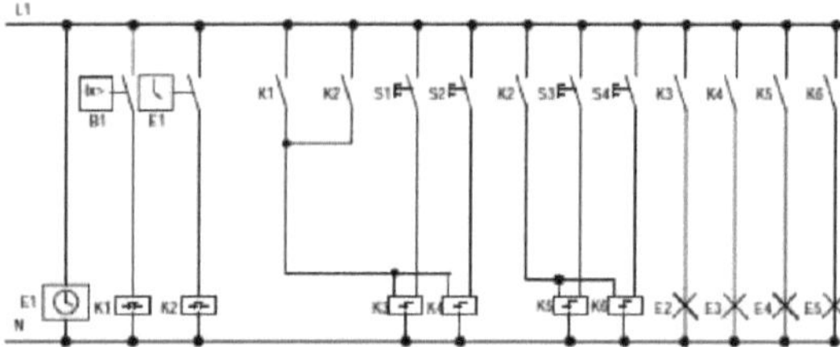

As luzes são accionadas por meio de um relé de impulso de corrente controlado por interruptores na porta. Independentemente disso, são reiniciadas pelo interrutor horário ou pelo interrutor sensível à luminosidade através da entrada central de desligar. Os comandos de desligamento devem ser cortados por relés de intervalo de tempo, de modo que ainda seja possível ligar e desligar as luzes localmente após terem sido desligadas centralmente. Componentes necessários:

• Interruptores SI aS4

• Interruptor de controlo da luz do dia Bl

• Interruptor horário El

- Relés temporizados de intervalo KI e K2

- Interruptores de controlo à distância com desligamento centralK3 a K6

**Desvantagens da solução anterior**

- Para implementar as funções requeridas, é necessária uma grande quantidade de circuitos.

- O grande número de componentes mecânicos implica um desgaste considerável e custos de manutenção elevados.

- A implementação de alterações funcionais é dispendiosa.

**Esquema de funcionamento da solução LOGO! solução PLC**

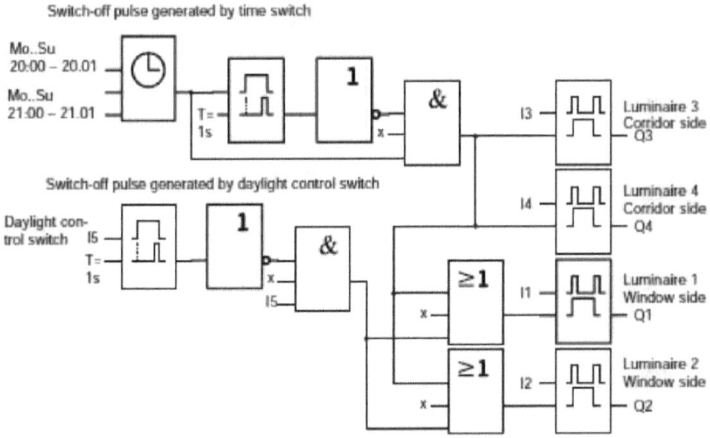

**Vantagens da solução LOGO! PLC**

- É possível ligar as lâmpadas diretamente ao LOGO! desde que a capacidade de comutação das saídas individuais não seja excedida. No caso de capacidades superiores, deve ser utilizado um contactor de potência.

- Ligue o interrutor sensível à luminosidade diretamente a uma das entradas do LOGO!

- Não é necessário um interrutor horário, uma vez que esta função está integrada no LOGO!

- O facto de serem necessários menos dispositivos de comutação significa que pode instalar uma unidade de subdistribuição mais pequena, poupando assim espaço.

- São necessários menos dispositivos

- O sistema de iluminação pode ser facilmente modificado.

- Podem ser definidos tempos de comutação adicionais conforme necessário (impulsos de desligamento escalonados no final do dia).

- A função de comutação sensível à luminosidade pode ser facilmente aplicada a todas

45

as lâmpadas ou a um grupo alterado de lâmpadas.

## Controlo de Luminárias Fluorescentes com LOGO!

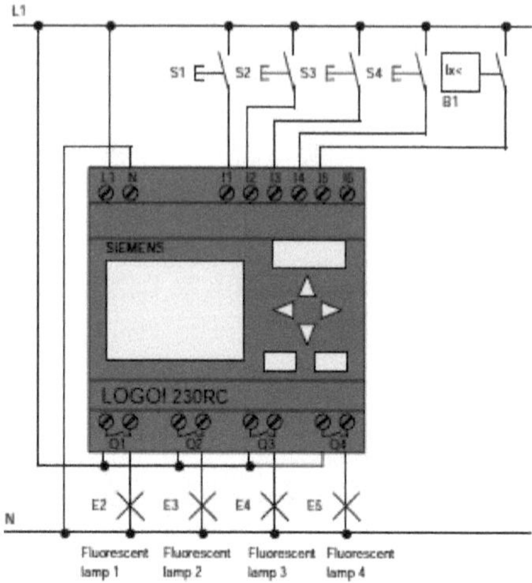

### 5.6 Aplicação #6

*Tanque utilizado para misturar dois líquidos*

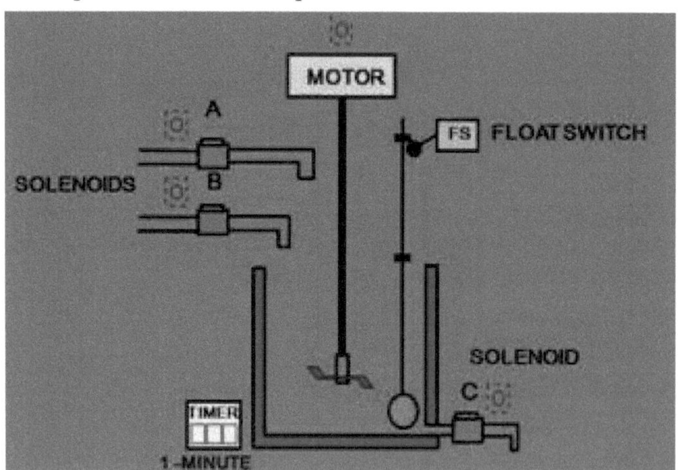


Um tanque é utilizado para misturar dois líquidos. O circuito de controlo funciona da seguinte forma:

• Quando o botão de arranque é premido, os solenóides A e B são activados. Isto permite que os dois líquidos comecem a encher o depósito.

• Quando o depósito está cheio, o interrutor de boia dispara. Isto desenergiza os solenóides A e B e faz arrancar o motor utilizado para misturar os líquidos.

- O motor pode funcionar durante 1 minuto. Decorrido o minuto, o motor desliga-se e o solenoide C é ativado para esvaziar o depósito.

- Quando o depósito está vazio, o interrutor de boia desenergiza o solenoide C.

- Pode ser utilizado um botão de paragem para parar o processo em qualquer altura.

- Se o motor ficar sobrecarregado, a ação de todo o processo pára.

- Depois de o circuito ter sido ativado, continuará a funcionar até ser parado manualmente.

## 5.7 Aplicação #7_

*Correia transportadora*

Conveyor controller

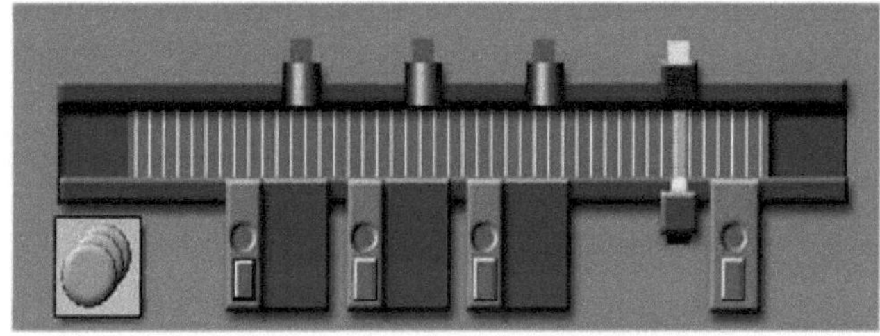

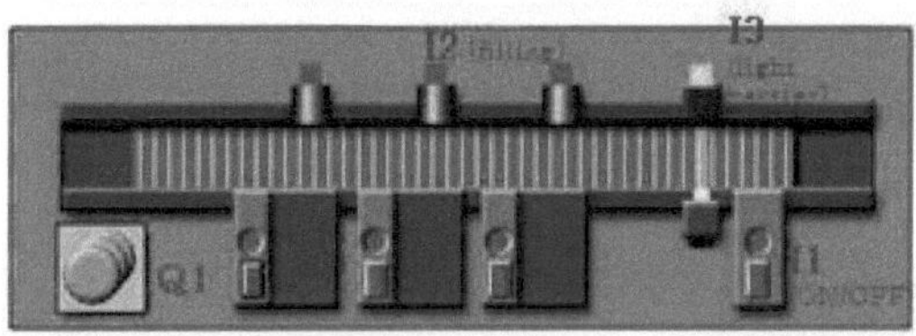


Function description:

A bottle filling conveyor shall be controlled.

Part 1

The conveyor control is switched on and off via (I1).
When the conveyor control is switched on, the conveyor motor (Q1) runs. If the light barrier (I3) is interrupted, the motor shall be switched off.

Part 2

When the sensor (I2) detects a bottle, the motor is to be switched off for 3 sec. (filling action). After that the motor runs again.

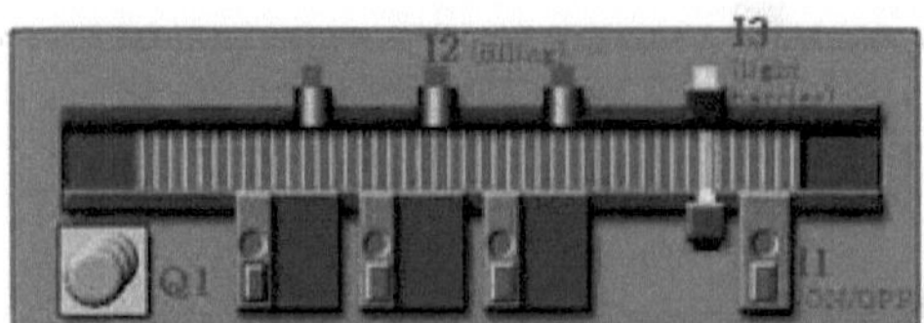


I2 (filler)
I3 (light barrier)
Q1
I1 ON/OFF



Function description:

Part 1

The conveyor control is switched on and off via (I1).
When the conveyor control is switched on, the conveyor motor (Q1) runs. If the light barrier (I3) is interrupted, the motor shall be switched off.


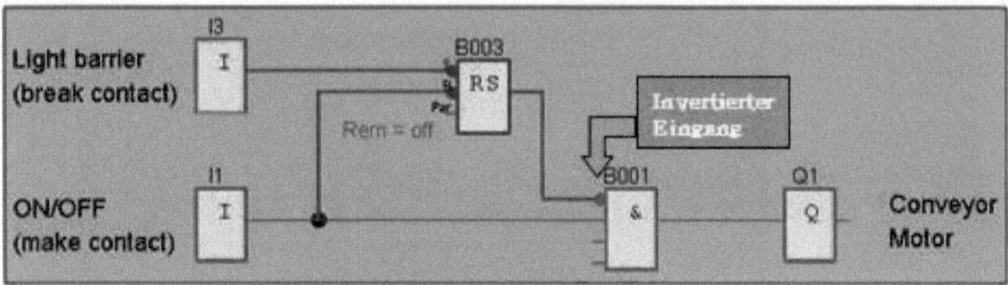


Light barrier
(break contact)
I3
I
B003
RS
Rem = off
ON/OFF
(make contact)
I1
I
Invertierter Eingang
B001
&
Q1
Q
Conveyor Motor


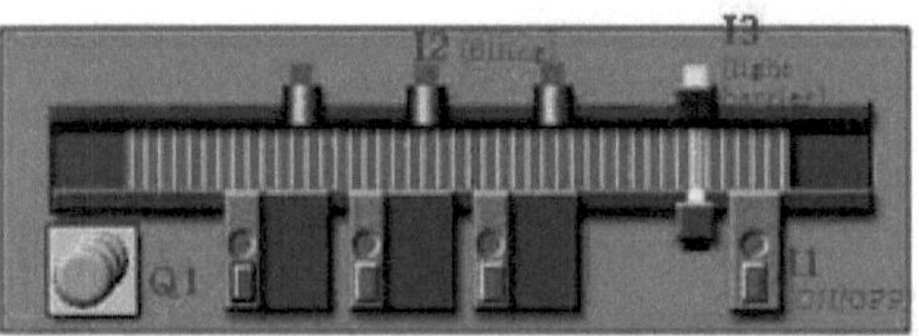


I2 (filler)
I3 (light barrier)
Q1
I1 ON/OFF



Function description:

Part 2

When the sensor (I2) detects a bottle, the motor is to be switched off for 3 sec. (filling action). After that the motor runs again.


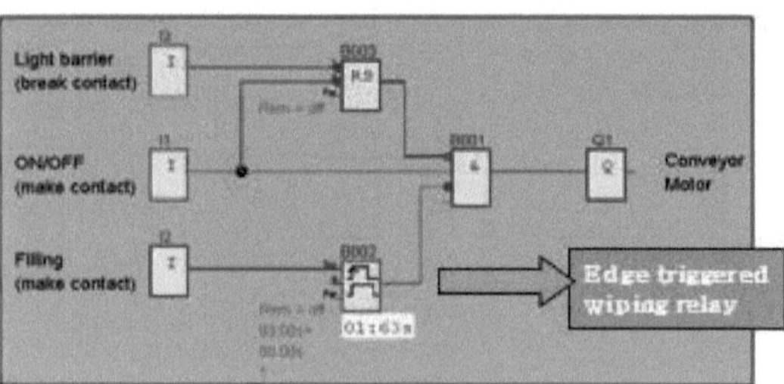


Light barrier
(break contact)
B003
RS
Rem = off
ON/OFF
(make contact)
I1
B001
&
Q1
Q
Conveyor Motor
Filling
(make contact)
I2
B002
01:03s
Edge triggered wiping relay

# Capítulo 6

## Sensores

### 6.1 Sensores digitais

Um sensor digital é um **sensor** eletrónico ou eletroquímico, em que a conversão e a transmissão de dados são feitas digitalmente.

### a) Interruptor de fim de curso

O sensor mais básico é um interrutor de fim de curso, um dispositivo eletromecânico utilizado para detetar a presença ou ausência de um objeto. O interrutor acciona o seu conjunto de contactos quando o seu atuador entra em contacto físico com o objeto detectado. Os estilos de actuadores oferecem meios de contacto específicos para cada aplicação - rolos, alavancas, molas, varinhas, êmbolos, etc. No entanto, uma vez que consistem em peças móveis, são propensas a desgaste e danos; nem sempre é desejável ou possível estabelecer contacto físico com o objeto detectado.

### b) Sensores de proximidade

Os sensores de proximidade são normalmente fornecidos em estilos blindados e não blindados. Com um sensor de proximidade blindado, a face do sensor pode ser montada à face do metal, enquanto que um sensor não blindado NÃO deve ser montado à face do metal (caso contrário, o sensor estará sempre ligado). Em muitas aplicações, a montagem embutida é um requisito. Note-se que os sensores de proximidade não blindados permitem maiores distâncias de deteção. As gamas de deteção típicas para sensores de proximidade indutivos variam de 1 a 35 mm.

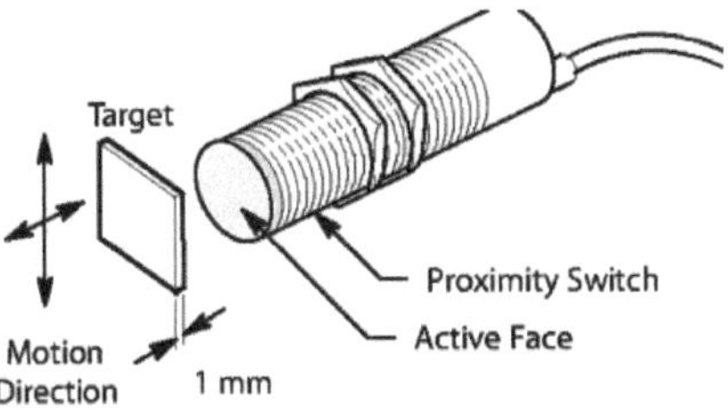


### - Interruptores de proximidade indutivos

Os sensores de proximidade indutivos são a tecnologia de deteção sem contacto mais comum e barata, utilizada para detetar a presença de objectos metálicos sem lhes tocar.

A sua comutação de alta velocidade e o seu tamanho reduzido tornam-nos indispensáveis em aplicações de automação. Os sensores de proximidade indutivos são constituídos por uma bobina accionada por um oscilador. O oscilador cria um campo eletromagnético que aparece na face ativa do interrutor. Se um alvo metálico entrar nesta área, o campo eletromagnético é reduzido e o interrutor liga-se ou desliga-se. Algumas aplicações típicas de sensores indutivos são a contagem de objectos metálicos, a monitorização da posição de elementos numa máquina, a deteção da presença de peças metálicas como parafusos, etc., e a medição da velocidade de rotação.

## - Sensores capacitivos

Os sensores capacitivos detectam objectos com uma constante dieléctrica diferente da do ar, o que os torna ideais para uma gama muito mais vasta de deteção de materiais, como madeira, líquidos e plástico. O seu funcionamento é semelhante ao dos sensores indutivos, mas em vez disso criam um campo eletrostático (em vez de eletromagnético) que é alterado pela presença do objeto. As gamas de deteção capacitiva podem normalmente atingir até 40 mm.

## - Sensores fotoeléctricos

Os sensores fotoeléctricos utilizam uma variedade de tecnologias de deteção que abordam diversas configurações de aplicação, todas elas utilizando feixes de luz como meio de deteção. Os três estilos mais populares são o difuso, o refletor e o de feixe de luz. A fonte de luz utilizada - visível, infravermelha, LED, laser - afectará a distância de deteção.

## 6.2 Sensores analógicos

Os sensores analógicos distinguem-se frequentemente dos sensores digitais, que utilizam valores discretos (descontínuos) para representar a informação de entrada. Muitas vezes, porém, qualquer uma das abordagens pode ser utilizada para fornecer tipos de informação semelhantes. Um exemplo deste tipo de sensor é um sensor de luz que monitoriza a quantidade de luz ao longo do tempo.

### a) Sensor de proximidade ultrassónico

Os sensores de proximidade ultra-sónicos baseiam-se na emissão de um impulso sonoro e na medição do tempo decorrido do sinal de eco de retorno refletido pelo objeto detectado. O feixe ultrassónico é bem refletido por quase todos os materiais (metal, madeira, plástico, vidro, líquido, etc.) e não é afetado por objectos coloridos, transparentes ou brilhantes. Isto permite ao utilizador padronizar um sensor para muitos materiais sem quaisquer preocupações adicionais de configuração ou deteção. Esta tecnologia de deteção oferece normalmente alcances até 6 metros.

## b) Sensor de pressão

Um sensor de pressão é um dispositivo para medir a pressão de gases ou líquidos. A pressão é uma expressão da força necessária para impedir a expansão de um fluido e é normalmente expressa em termos de força por unidade de área. Um sensor de pressão actua normalmente como um transdutor; gera um sinal em função da pressão imposta. Para efeitos do presente artigo, esse sinal é elétrico.

Os sensores de pressão são utilizados para controlo e monitorização em milhares de aplicações quotidianas. Os sensores de pressão também podem ser utilizados para medir indiretamente outras variáveis, como o fluxo de fluido/gás, a velocidade, o nível da água e a altitude. Os sensores de pressão podem, alternativamente, ser designados por transdutores de pressão, transmissores de pressão, emissores de pressão, indicadores de pressão, piezómetros e manómetros, entre outros nomes.

## c) Sensor de temperatura

Um **transdutor de temperatura** é um dispositivo que converte a quantidade térmica em qualquer quantidade física, como energia mecânica, pressão e sinais eléctricos, etc. Por exemplo, no termopar, a diferença de potencial elétrico é produzida devido à diferença de **temperatura** através do seu terminal

# Revisão 4

1. O componente de um PLC que toma decisões e executa instruções de controlo com base em sinais de entrada é o ____________.

a) CPU

b) Módulo de entrada

c) Dispositivo de programação

d) Interface do operador

2. Um byte é composto por __________.

a) 2 bits

b) 8 bits

c) 16 bits

d) 32 bits

3. O equivalente binário de um 5 decimal é ____________.

a) 11

b) 100

c) 101

d) 111

4. Uma entrada que está ligada ou desligada é uma/uma ____________ entrada.

a) Analógico

b) Discreto

c) Alta velocidade

d) Normalmente aberto

5. Uma linguagem de programação que utiliza símbolos semelhantes aos elementos utilizados num diagrama de linha de controlo com fios é designada por ______________.

a) Diagrama lógico Ladder

b) Lista de declarações

c) Rede

d) Varrimento PLC

6. Um tipo de memória que pode ser lido mas não pode ser escrito é ____________.

a) RAM

b) ROM

c) firmware

d) K memória

# Segunda parte Abordagem prática

# CAPÍTULO 7

## Operação no PLC

## 7.1 Menu de programação

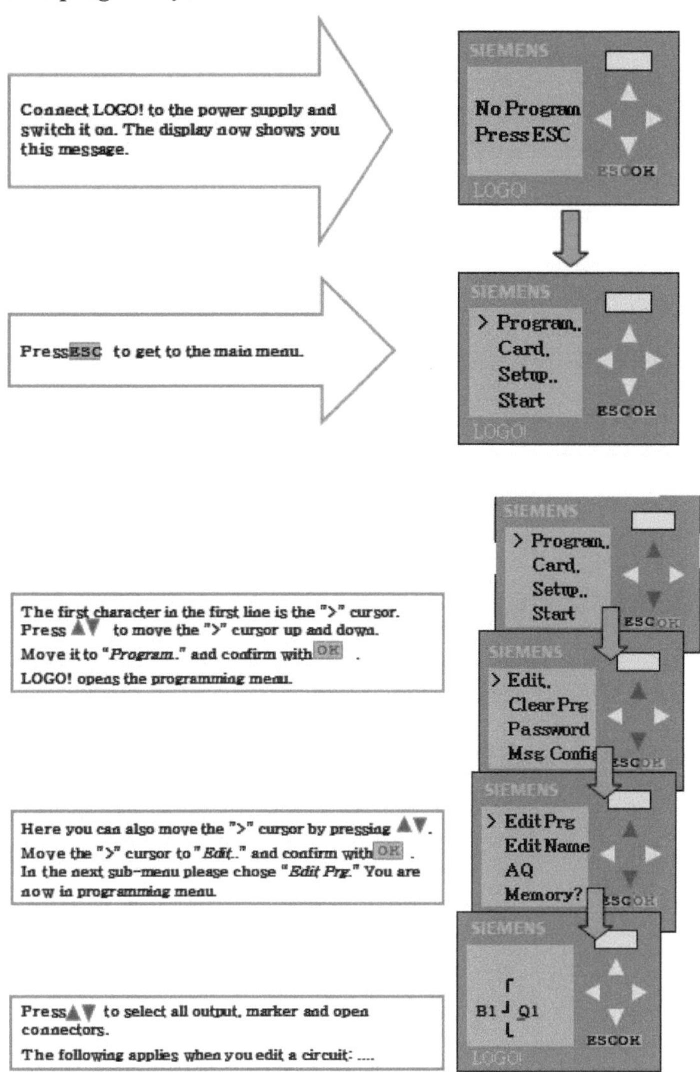



## 7.2 Regras de funcionamento

1. You have to create your circuit by working from the output to the input.

2. You can connect an output to several inputs.

3. You can't connect an output to an upstream input within the same path (recursion).

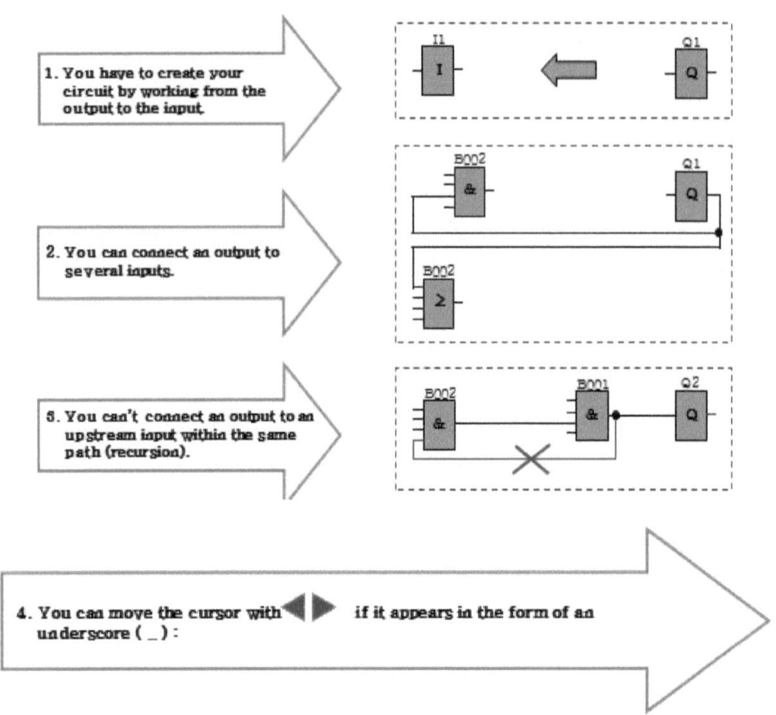

4. You can move the cursor with ◀ ▶ if it appears in the form of an underscore ( _ ) :

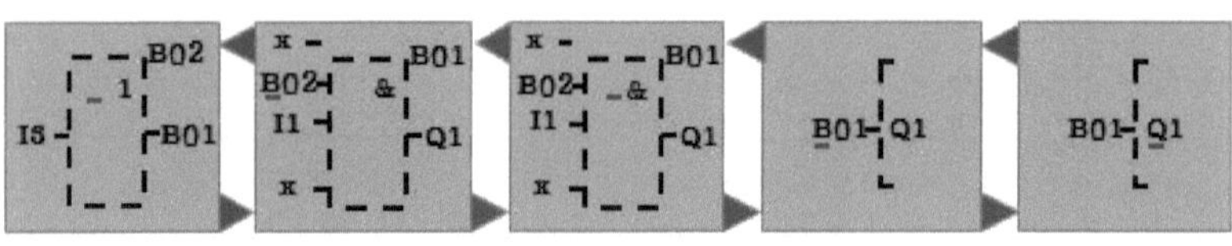

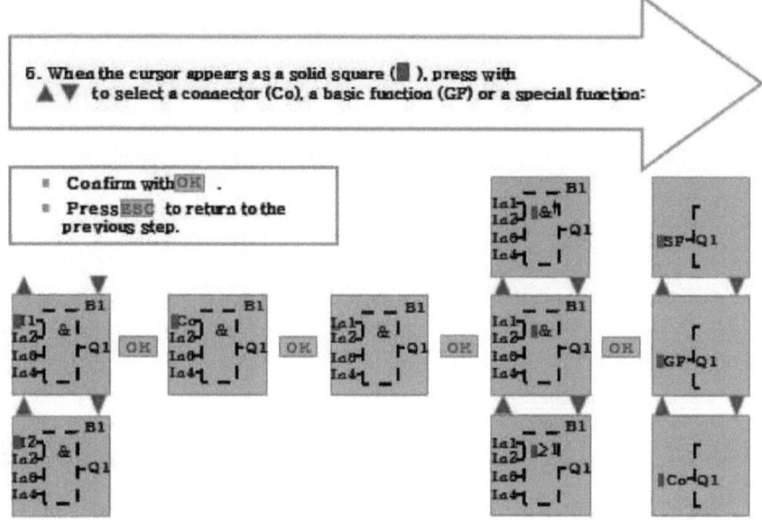


## 7.3 Experimento#! Um circuito paralelo constituído por 2 interruptores



### Circuit diagram

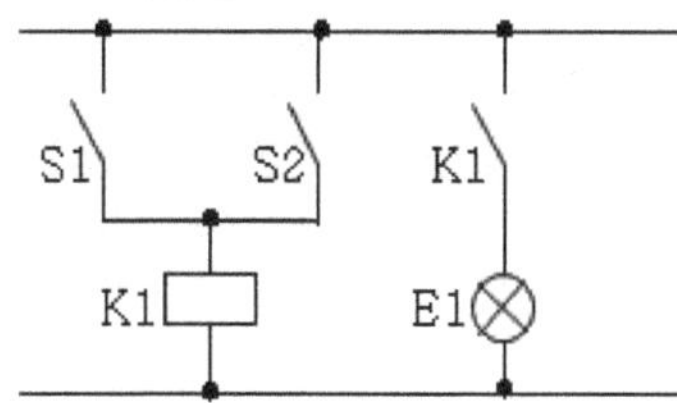


The load is switched on with S1 or S2.

### Solution with LOGO!

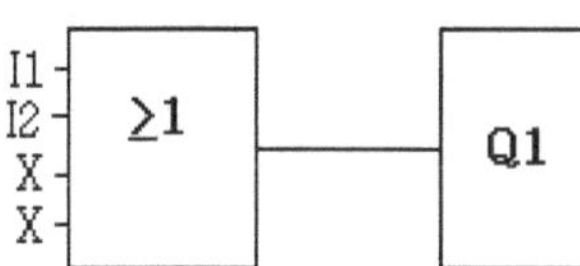


LOGO! interprets the parallel circuit of S1 and S2 as an 'OR' logic, because S1 or S2 switches on the output.

# 7.3.1 Cablagem

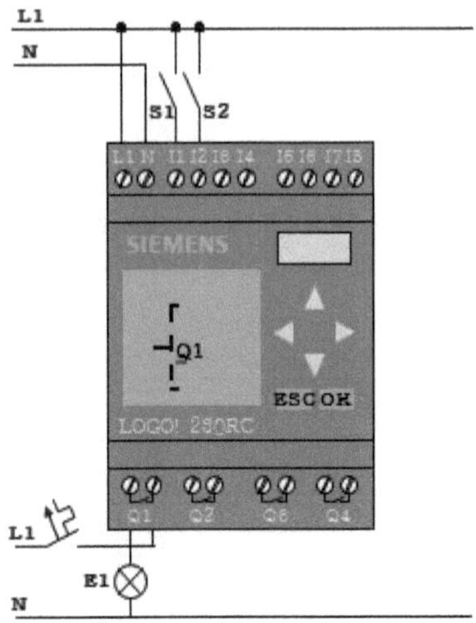






# 7.3.2 Entrada do programa

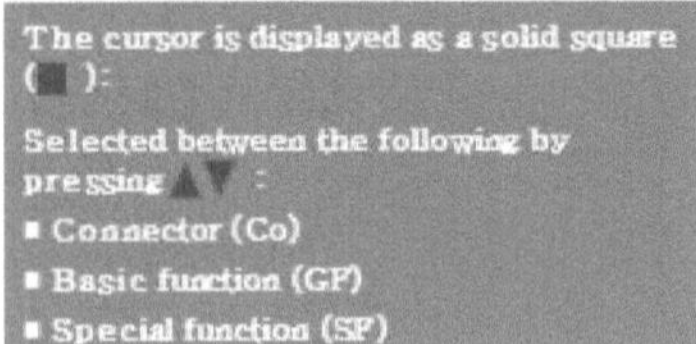






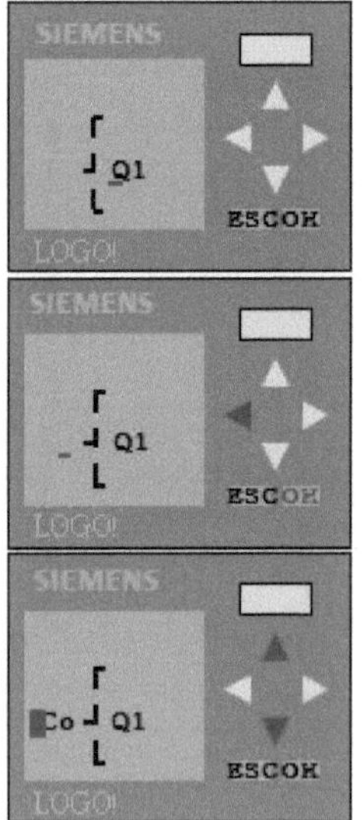

Select with (GP) the basic functions and
confirm with OK .

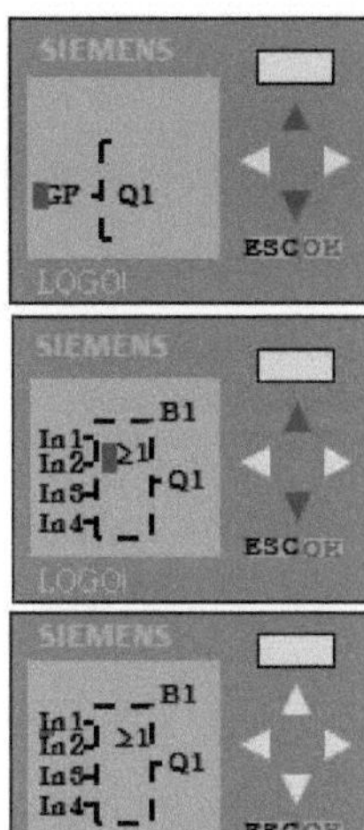

The AND is the first block of the basic
functions (GP) list.

You can choose between the following by
pressing ▲▼ :
- AND
- AND (edge)
- NAND
- NAND (edge)
- OR
- NOR
- XOR
- NOT

Select the OR block ( ≥1 ) and confirm with
OK .

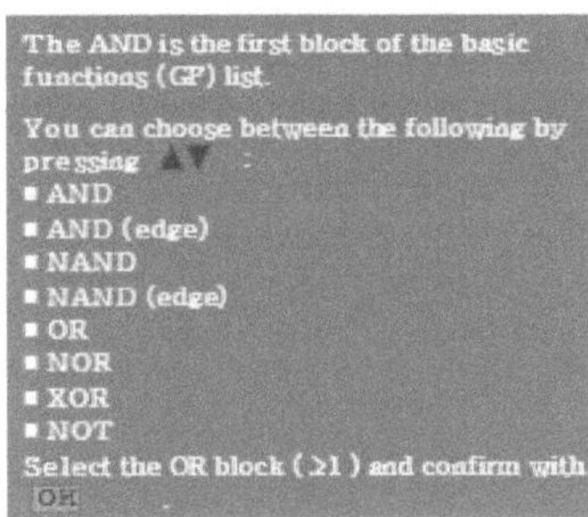

You have now entered the first block. Each
new block is automatically assigned a
block number (B1). Now you interconnect
the block inputs (B1).

Press OK .

The cursor is displayed as a solid square
( ■ ):

You can choose between the following by
pressing ▲▼ :
- Connector (Co)
- Basic functions (GP)
- Special functions (SF)

Please select Connector (Co) and confirm
with OK .

The first element of the list (Co) is input I1
Confirm with OK . The underscore cursor
automatically jumps to the next input (In2)
that needs to be allocated.

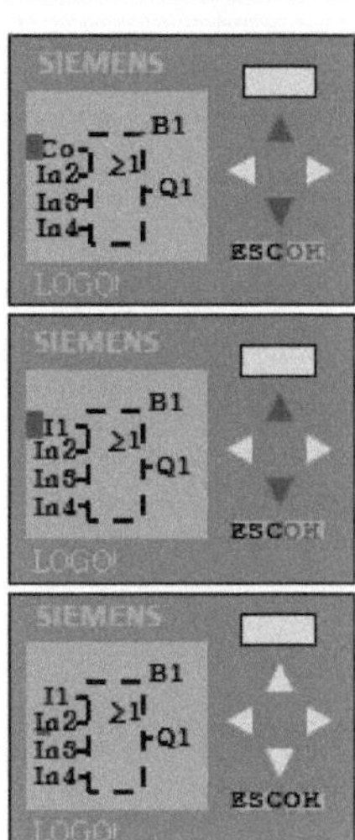

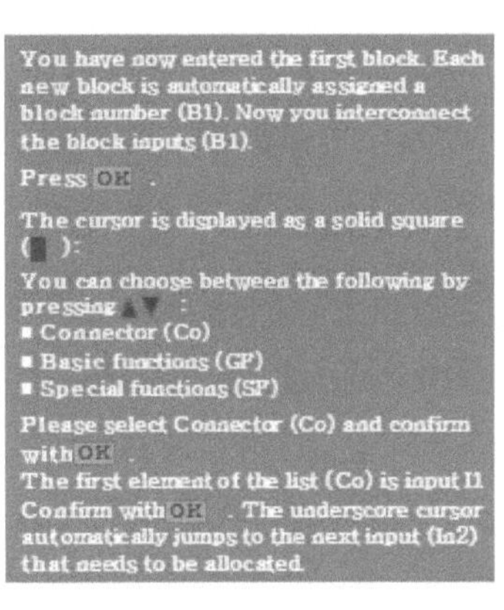

Now you connect input I2 to the input of the OR block. You already know how to do this:

1. Switch to editing mode: Press OK
2. To select the Co list: Press ▲▼
3. To confirm the Co list: Press OK
4. To select I2: Press ▲▼
5. To apply I2: Press OK

We do not need the last two inputs of the OR block for this program. In the LOGO! program you mark the unused inputs with an 'X'. The process is the same:

1. Switch in editing mode: Press OK
2. To select the Co list: Press ▲▼
3. To accept the Co list: Press OK
4. To select X: Press ▲▼
5. To apply X: Press OK

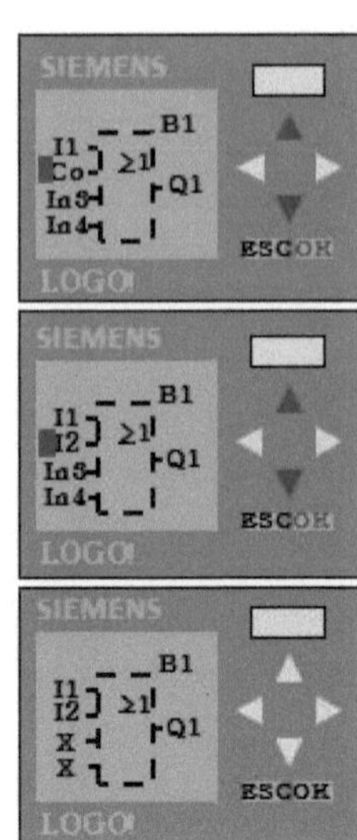

## 7.3.3 Início do programa

Now all block inputs are connected. For LOGO! the program is complete.

You can review your first program by pressing the cursor with the 4 arrow keys ( _ ) and moving through the program.

We now exit program input mode and return to the programming menu with ESC. The program is automatically saved in the internal memory (E2PROM).

To start the program, return to the main menu with ESC.

Move the cursor to "Start": Press ▲▼. To confirm press OK.

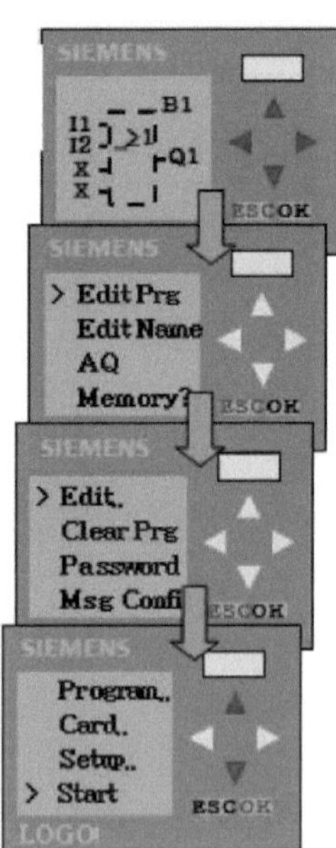

## 7.3.4 Modo de funcionamento

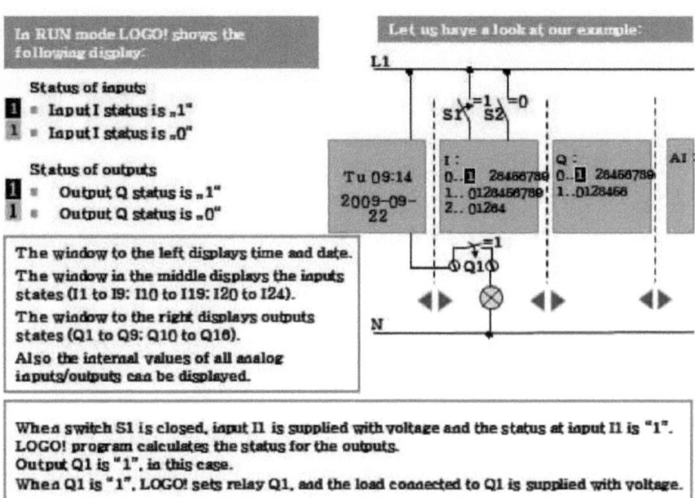



## 7.4 Experimento#! Uma carga controlada por 3 interruptores

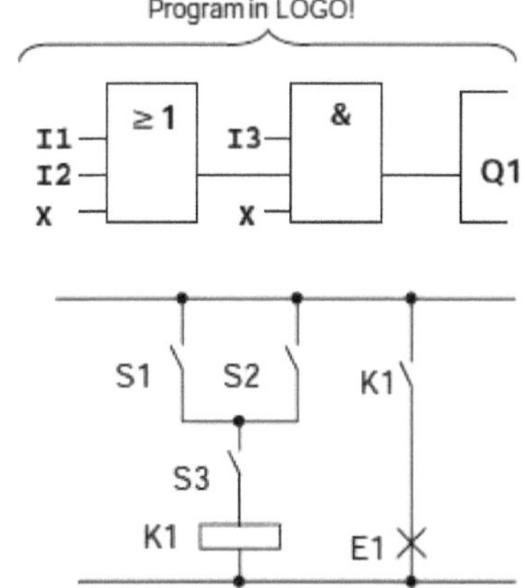



- Desenhar o esquema elétrico.
- Repetir o procedimento de introdução do programa.
- Execute o PLC e veja os resultados.

# CAPÍTULO 8

## Software Soft Comfort V6.0

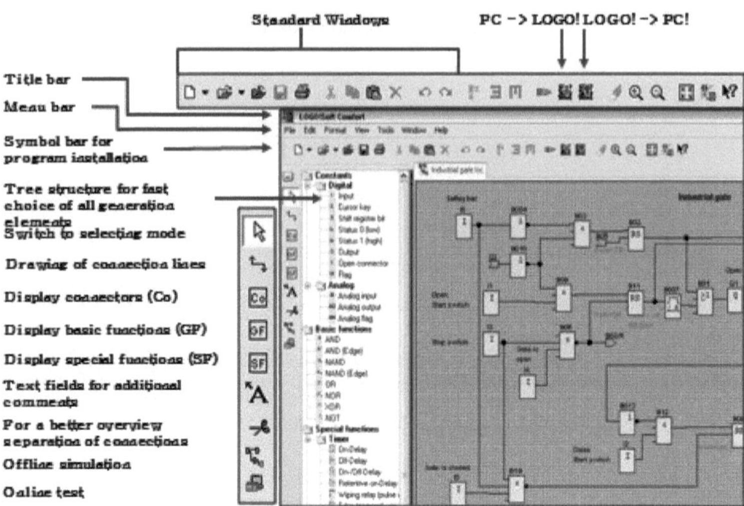



## 8.1 Experiência#! Temporizadores e contadores

### 8.1.1 Temporizadores

#### 8.1.1.1 LAD

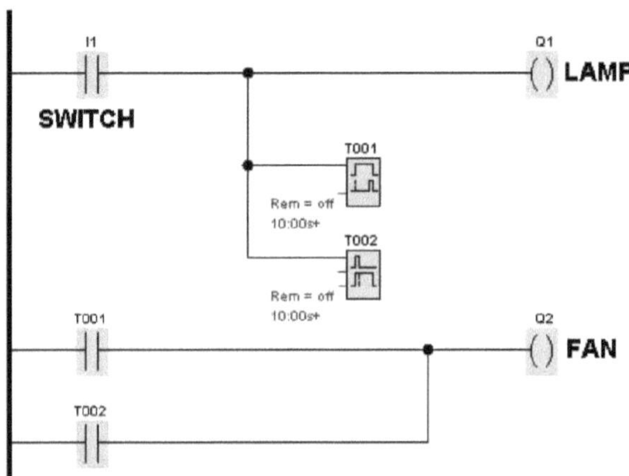



#### 8.1.1.2 FBD

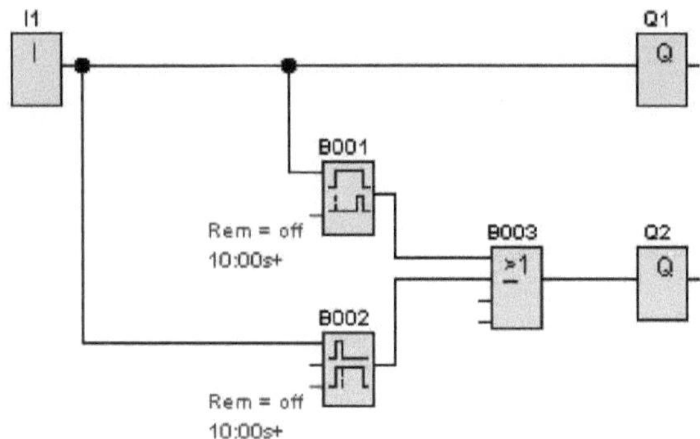



## 8.1.2 Contadores

### 8.1.2.1 LAD

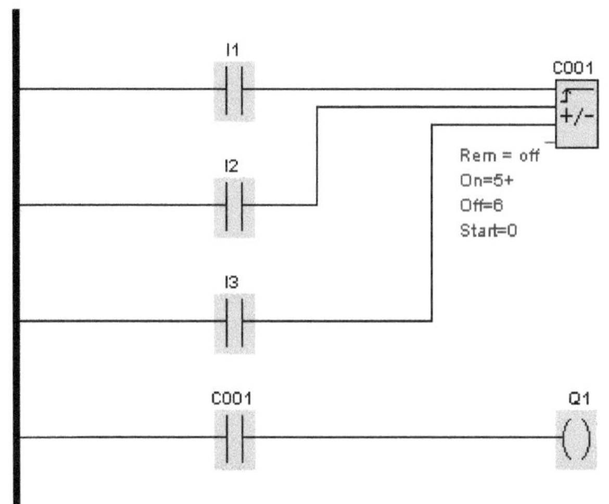



### 8.1.2.2 FBD

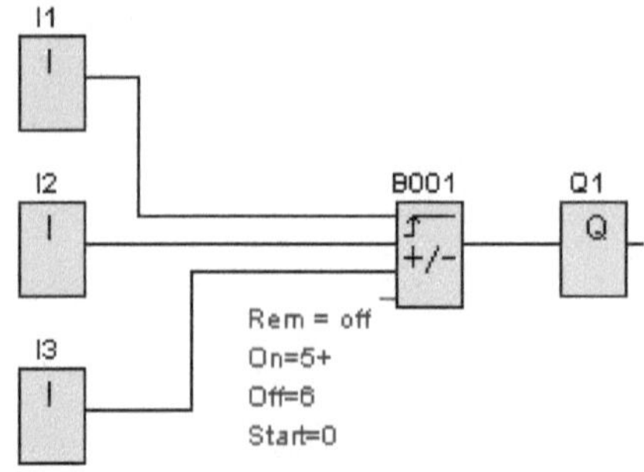


## 8.2  Experiência#! Implementação de portas lógicas

### 8.2.1 Porta AND

A porta AND implementa a função AND. A partir da figura 3, pode ver que para que a lógica de saída se torne "1", os sinais aplicados em ambas as entradas devem ter a lógica "1". Com qualquer uma das entradas na lógica 0, a saída será mantida na lógica 0. A porta AND pode ter qualquer número de entradas e uma saída. Para que a saída de uma porta AND seja de lógica um, todas as entradas devem ser de lógica um.

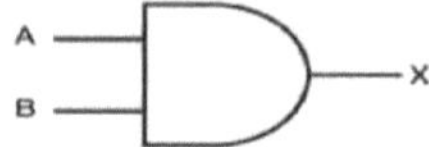


*Tabela de verdade:*

A figura abaixo mostra a tabela verdade da porta AND que tem duas entradas e uma saída.

| INPUT A | INPUT B | OUTPUT X |
|---------|---------|----------|
| 0 | 0 | 0 |
| 0 | 1 | 0 |
| 1 | 0 | 0 |
| 1 | 1 | 1 |

*Diagrama em escada da porta AND:*

A figura abaixo mostra o diagrama em escada da porta AND. A barra preta da esquerda é a fonte de alimentação do circuito.

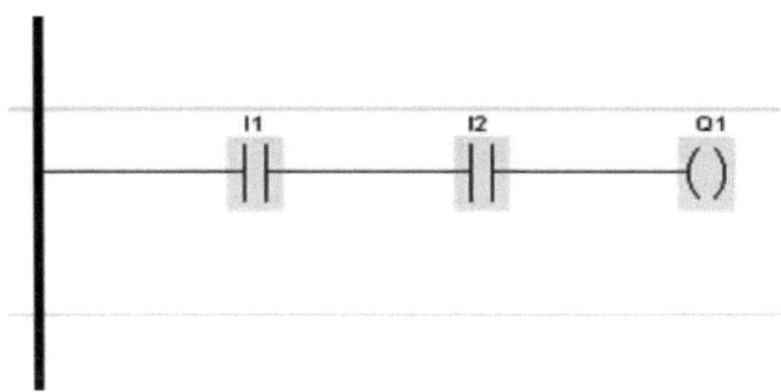

## 8.2.2Porta OR

A porta AND implementa a função AND. Na figura 6 pode ver que uma porta OR pode ter qualquer número de entradas e uma saída. Para que a saída de uma porta OR seja lógica um, pelo menos uma entrada deve ser lógica um. Se todas as entradas forem zero lógico, a saída será zero lógico.

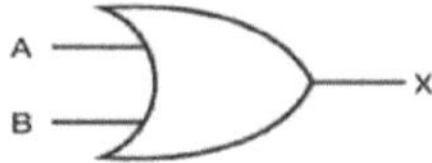

*Tabela de verdade:*

A figura.7 mostra a tabela verdade de uma porta OR que tem duas entradas e uma saída.

| INPUT A | INPUT B | OUTPUT X |
|---------|---------|----------|
| O | O | O |
| O | 1 | 1 |
| 1 | O | 1 |
| 1 | 1 | 1 |

*Diagrama em escada da porta OR:*

A figura 8 mostra o diagrama ladder da porta OR.

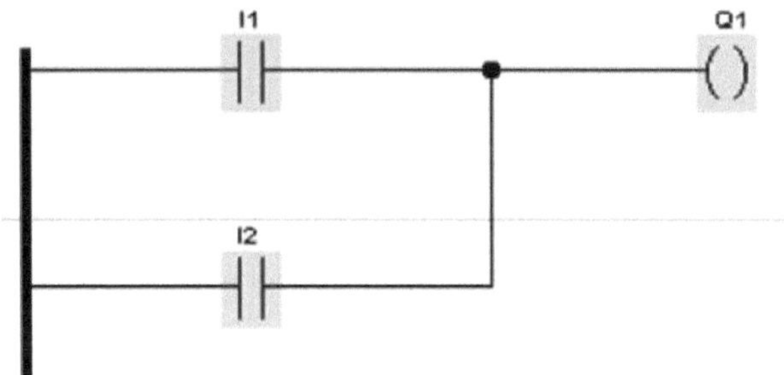

## 8.2.3NÃO Porta

A porta NOT implementa a função de inversor. A porta NOT é diferente das portas AND e OR na medida em que tem sempre exatamente uma entrada e uma saída, como se pode ver na figura.9. Qualquer que seja o estado lógico aplicado à entrada, o seu estado oposto aparecerá na saída.

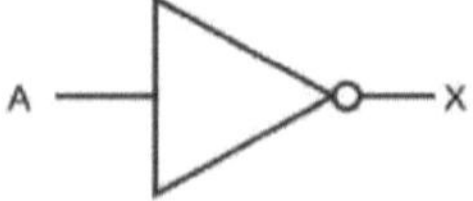

*Tabela de verdade:*

A figura 10 mostra a tabela verdade da porta NOT que tem uma entrada e uma saída.

| INPUT A | OUTPUT X |
|---------|----------|
| 0 | 1 |
| 1 | 0 |

*Diagrama em escada da porta NOT:*

A figura 1 mostra o diagrama em escada da porta NOT.

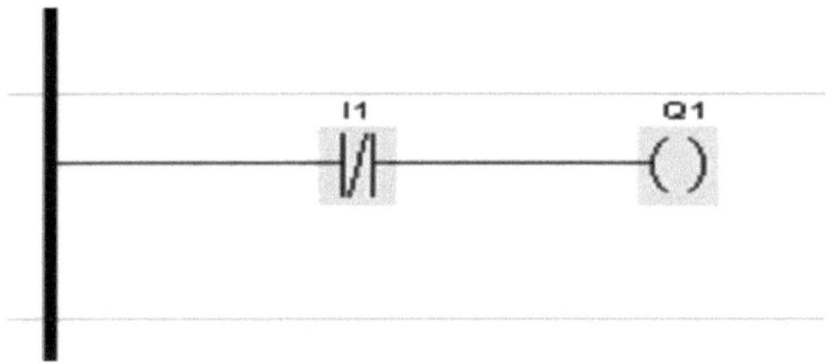

### 8.2.4 Porta NAND

A porta NAND pode ter qualquer número de entradas e uma saída. A figura 12 mostra que, para que a saída de uma porta NAND seja zero lógico, todas as entradas devem ser um lógico. Se qualquer entrada for zero lógico, a saída será um lógico. É uma combinação de porta AND e porta NOT.

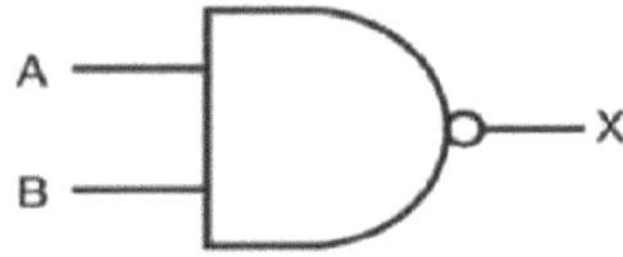

A figura 13 mostra a tabela verdade da porta NAND que tem duas entradas e uma saída.

| INPUT A | INPUT B | OUTPUT X |
|---------|---------|----------|
| 0 | 0 | 1 |
| 0 | 1 | 1 |
| 1 | 0 | 1 |
| 1 | 1 | 0 |

*Diagrama em escada de porta NAND:*

A figura 14 mostra o diagrama em escada da porta NAND.

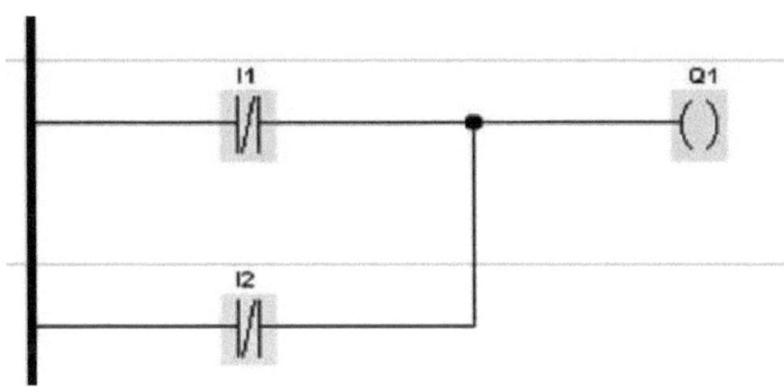

## 8.2.5 Porta NOR

A porta NOR pode ter qualquer número de entradas e uma saída. A figura 15 mostra que, para que a saída da porta NOR seja zero lógico, pelo menos uma entrada deve ser um lógico. Se todas as entradas forem zero lógico, a saída será um lógico. O símbolo e a tabela verdade de uma porta NOR de 2 entradas são apresentados a seguir.

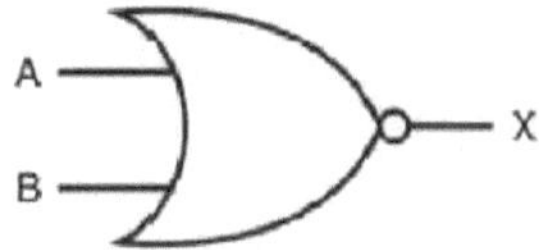

*Tabela de verdade:*

A figura 16 mostra a tabela verdade da porta NOR que tem duas entradas e uma saída.

| INPUT A | INPUT B | OUTPUT X |
|---------|---------|----------|
| 0 | 0 | 1 |
| 0 | 1 | 0 |
| 1 | 0 | 0 |
| 1 | 1 | 0 |

*Diagrama Ladder da porta NOR:*

A figura 17 mostra o diagrama em escada da porta NOR.

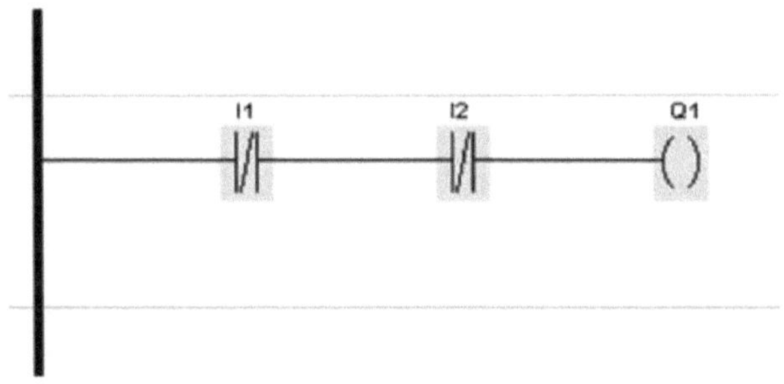

## 8.2.6 Porta XOR

A porta XOR pode ter qualquer número de entradas e uma saída. Na figura 18 pode ver as implementações comuns que têm apenas duas ou, por vezes, três entradas. Para que a saída de uma porta XOR seja lógica um, deve haver um tipo diferente de lógica na entrada. Caso contrário, a saída é zero lógico. O símbolo e a tabela verdade de uma porta XOR de 2 entradas são apresentados de seguida.

*Tabela de verdade:*

A figura.19 mostra a tabela verdade da porta XOR que tem duas entradas e uma saída.

| INPUT A | INPUT B | OUTPUT X |
|---------|---------|----------|
| 0 | 0 | 0 |
| 0 | 1 | 1 |
| 1 | 0 | 1 |
| 1 | 1 | 0 |

*Diagrama Ladder da porta XOR:*

A figura 20 mostra o diagrama em escada da porta NOR.

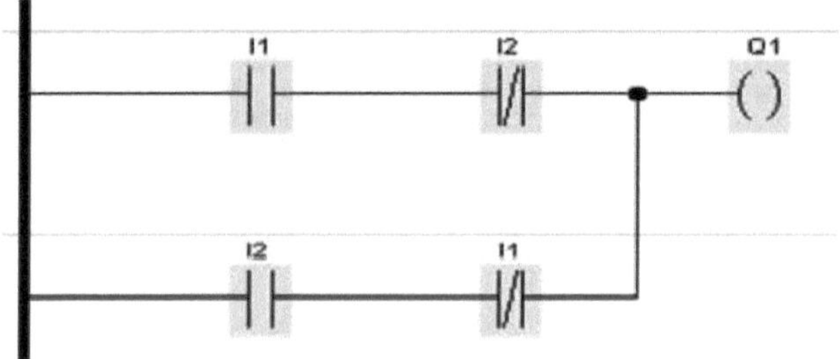

## 8.3 Experimento#3 Aplicação industrial de temporizadores Objectivos

- Estudar o funcionamento de diferentes tipos de temporizadores.
- Para utilizar os temporizadores do PLC num controlo de processo.

**Trabalho experimental**

O sistema a ser controlado pelo PLC é composto por duas correias. Se o botão Start for premido, a correia transportadora 1 começará a funcionar. Após 5 segundos, a correia transportadora-2 fica ativa. Depois de todo o sistema funcionar durante 15 segundos, a correia transportadora-1 pára. Em seguida, a correia transportadora-2 continua a mover-se durante 5 segundos e depois pára também. Além disso, o sistema pode ser reiniciado pelo botão de paragem de emergência em qualquer altura.

*Construir um LAD para o LOGO! PLC para controlar o sistema.*

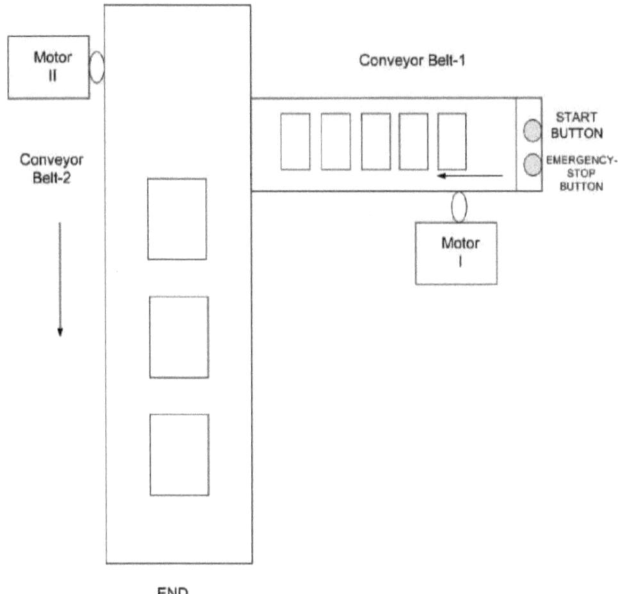



## 8.4 Experimento#4 Aplicação industrial de contadores Objectivos

* Estudar o funcionamento de diferentes tipos de contadores.

* Para utilizar os contadores e temporizadores do PLC num controlo de processo.

### Trabalho experimental

Um sistema controlado por PLC funciona da seguinte forma. Se o botão Start for premido, MV1 será aberto e o corante começa a encher o tanque. Ao mesmo tempo, o motor de mistura começa a funcionar. Quando o nível do corante passa o TBL2 e atinge o TBL1, MV1 é fechado e o motor de mistura pára. De seguida, abre-se MV2 e o corante começa a sair do recipiente. Quando o nível do corante atinge o nível inferior do TBL2, MV2 é fechado. Este processo repete-se por duas (2) vezes, depois o sistema pára. Podemos observar a paragem do sistema com a lâmpada e o sinal sonoro. Depois de o sistema parar, o sinal sonoro continua a funcionar durante 2 segundos e depois pára. Mas a lâmpada continua a acender-se até ser premido o botão de reinicialização. Quando o botão de reinicialização é premido, o sistema fica pronto para recomeçar o mesmo processo.

*Construir um LAD para este sistema.*

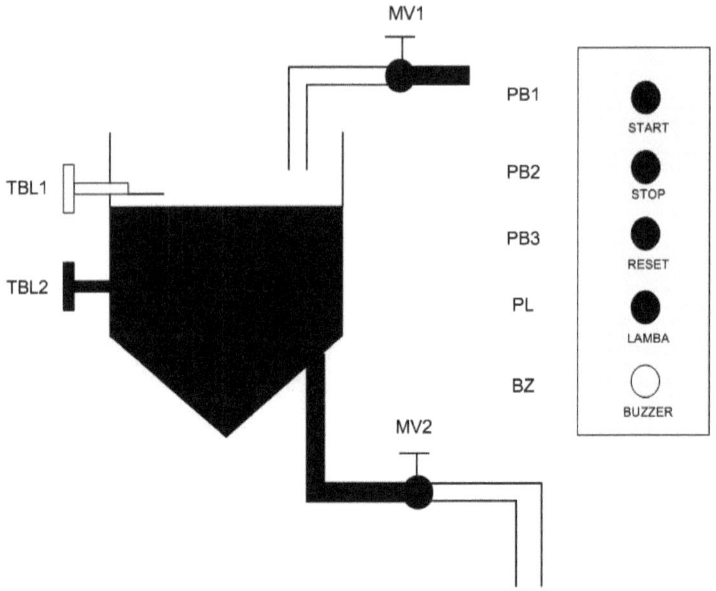


## 8.5 Experimento#5 Sistema de portão deslizante

1. Iniciar um novo projeto no Soft Comfort. Na janela Diagrama Ladder, desenhe um programa que represente o seguinte sistema de controlo para uma porta de correr.

O programa deve satisfazer as seguintes condições:

• O motor deve estar protegido contra sobrecargas.

• A porta deve parar quando se carrega no botão de paragem.

• Ao premir o botão "subir", a porta deve subir até ao limite máximo (interruptor de fim de curso 2).

• Se premir o botão Baixar, a porta deve descer até ao limite máximo (interruptor de fim de curso 1).

• No caso de alguém passar, a fotocélula interrompe o estado de baixo e ativa o estado de cima.

• A luz intermitente deve ser accionada no estado de repouso.

• Intertravamentos mecânicos e eléctricos necessários a utilizar.

2. Carregue e utilize o seu programa.

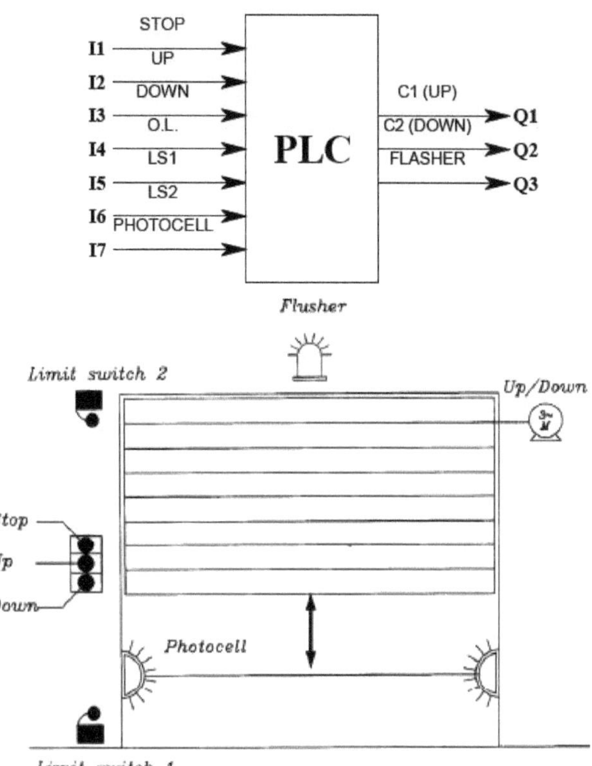



## 8.6 Experimento#6 Sistema de bomba de água

1. Ao iniciar um novo projeto no Soft Comfort, na janela Diagrama Ladder, esboce um programa que represente o seguinte sistema de controlo para uma bomba de água

O sistema é constituído por uma bomba de água e controlado por dois interruptores de boia.

O sistema deve satisfazer as seguintes condições:

- A bomba deve funcionar se e só se o poço estiver cheio e o depósito vazio.

- As bombas devem ser protegidas contra:

1) Falha de fase.

2) Alterar a sequência de fases.

3) Sob tensão.

- A bomba deve funcionar após um atraso de 5 segundos.

- O sistema deve ser controlado por dois interruptores de boia.

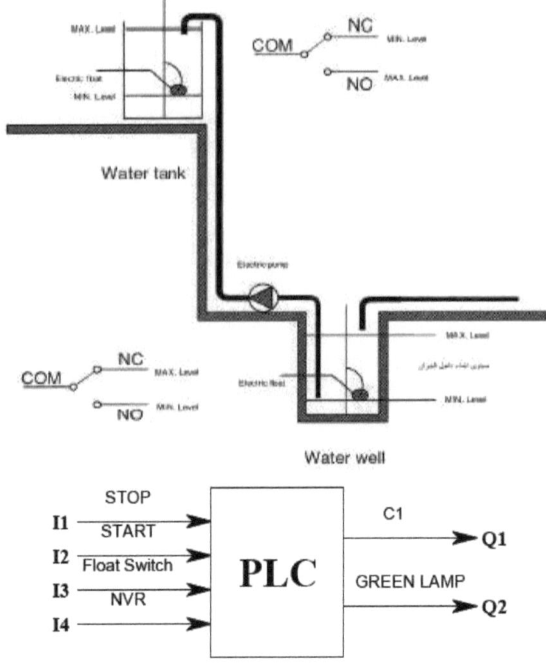


2. Carregar e utilizar o seu programa

## 8.7Experimento#? Sistema de segurança de iluminação exterior

1. Ao iniciar um novo projeto no Soft Comfort, na janela Diagrama de blocos funcionais, esboce um programa que represente o seguinte sistema de controlo para um sistema de segurança de iluminação exterior residencial.

O sistema consiste num conjunto de luzes exteriores principais que serão activadas no período de escuridão através de um sensor de luz e outro sensor (detetor de movimento) imediatamente quando alguém se aproxima da casa, outro conjunto de luzes interiores que devem ser activadas após um período de tempo (determinado pelo programador) para garantir que a casa está habitada. O sistema funciona quando está escuro e pode ser acionado em modo automático ou manual.

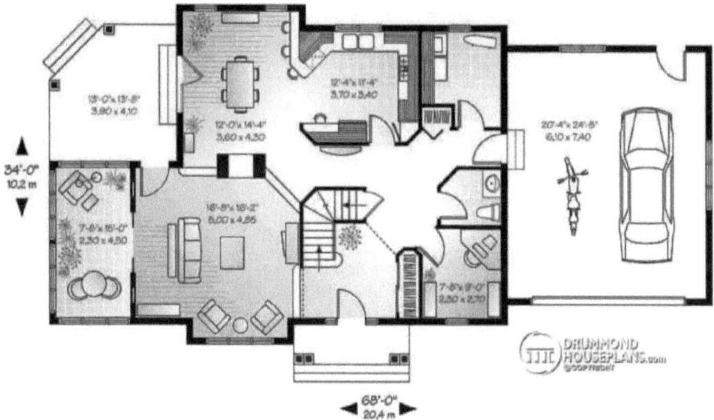

- Distribuir os conjuntos exteriores e interiores à volta e no interior da residência para garantir a melhor segurança, desenhar a caixa de E/S.

- Construa o seu programa e simule-o.

2. Carregar e utilizar o seu programa

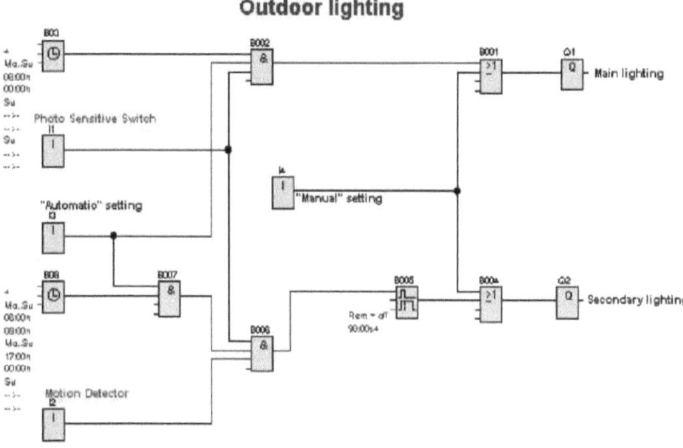


## 8.8 Experimento#8 Rega de um sistema de estufa

1. Ao iniciar um novo projeto no Soft Comfort, na janela Diagrama de blocos funcionais, esboce um programa que represente o seguinte sistema de controlo para regar plantas numa estufa.

Logotipo! O PLC deve ser utilizado para controlar a rega das plantas numa estufa. Existem três tipos diferentes de plantas a serem regadas; o tipo 1 são plantas aquáticas numa piscina cujo nível de água deve ser mantido dentro de um determinado intervalo. As plantas do tipo 2 devem ser regadas de manhã e à noite durante 3 minutos e as plantas do terceiro tipo de duas em duas noites durante 2 minutos. O sistema de rega automático pode ser desligado.

### Rega de tipo 1

O nível da água na piscina é sempre mantido no intervalo definido através de um interrutor de boia para valores máximos e mínimos.

### Rega de tipo 2

O sistema de rega é ligado através de um interrutor horário durante 3 minutos por dia, das 6:00 às 6:03 da manhã e das 20:00 às 20:03 da noite.

### Rega de tipo 3

As plantas são regadas com a ajuda da função de impulso de corrente apenas de dois em dois dias, sempre à noite, durante 2 minutos, quando o sensor foto-sensível responde.

2. Desenhe a caixa de E/S; construa o seu programa e simule-o.

3. Carregar e utilizar o seu programa

# Watering of Greenhouse Plants

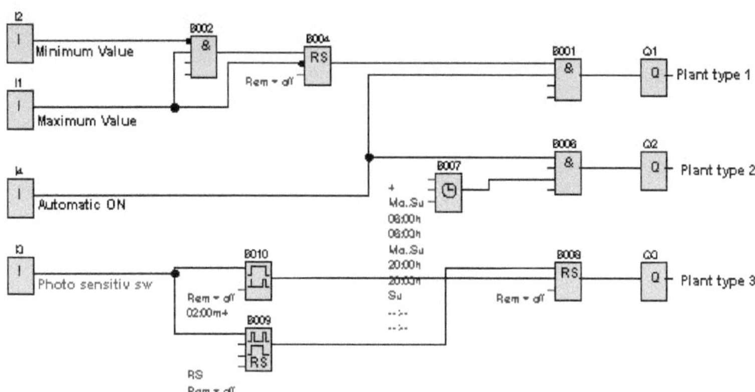



## 8.9 Experimento#9 Aplicações de escalonamento de uma função analógica

1. Ao iniciar um novo projeto no Soft Comfort, na janela Diagrama de Bloco Funcional, esboce um programa que represente o seguinte:

a) Ligar o LOGO! PLC a diferentes sensores de temperatura (dois de cada vez) através de entradas analógicas, processando os valores de entrada, escalando as funções analógicas e apresentando a saída analógica num LOGO! TD.

As gamas dos 1st dois sensores são:

(-50 a 100 °C) e (-30 a 70 °C)

Construa o seu programa e simule-o. Em seguida, carregue e utilize o seu programa.

As gamas dos 2nd dois sensores são:

(20 a 80 °C) e (0 a 100 °C)

Construa o seu programa e simule-o. Em seguida, carregue e utilize o seu programa.

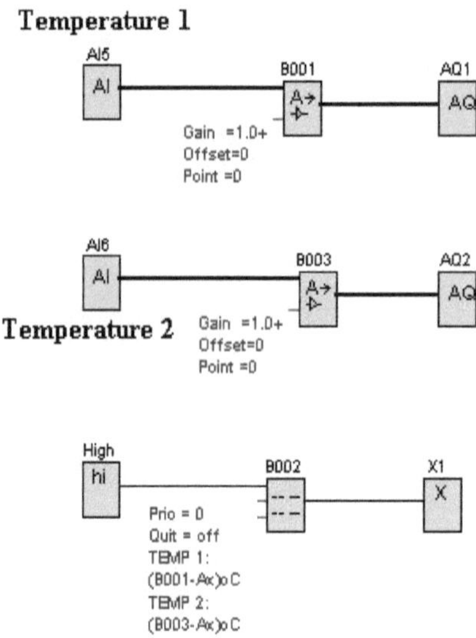


b) Ligar o LOGO! PLC a um sensor de pressão através de uma entrada analógica, processando o valor de entrada, escalando a função analógica e apresentando a saída analógica num LOGO! TD.

A gama do sensor de pressão é de (1000 a 5000 mbar).

Construa o seu programa e simule-o. Em seguida, carregue e utilize o seu programa.

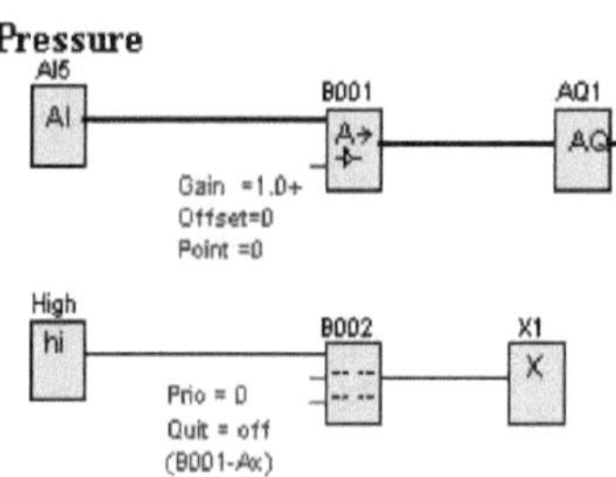


c) Ligar o LOGO! PLC a um sensor de peso através de uma entrada analógica, processando o valor de entrada, escalando a função analógica e apresentando a saída analógica num LOGO! TD.

O alcance do sensor de peso é de (0 a 10 Kg).

Construa o seu programa e simule-o. Em seguida, carregue e utilize o seu programa.

**Weight**

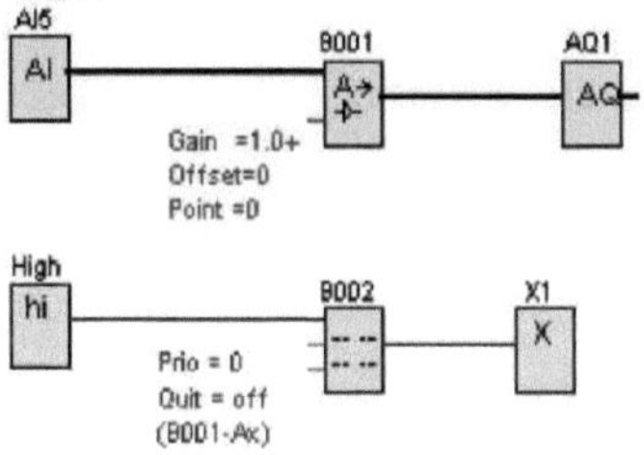

AI5
AI
B001
A→
AQ1
AQ
Gain =1.0+
Offset=0
Point =0
High
hi
B002
X1
X
Prio = 0
Quit = off
(B001-Ax)

# CAPÍTULO 9

## RESOLUÇÃO DE PROBLEMAS E MANUTENÇÃO

**Controladores lógicos programáveis (PLC) - Resolução de problemas**

- Verifique se a alimentação principal está ligada (220VAC).

- Verificar a disponibilidade de energia de 24V.

- Verificar o funcionamento do sensor na área problemática.

- Verificar as entradas do sensor no PLC.

- Verificar no PLC se uma alteração no estado do sensor faz com que o LED de entrada correspondente no PLC se acenda ou se apague.

- Identificar a saída controlada pela entrada no diagrama de escada do PLC.

- Certifique-se de que o LED de saída está a ligar/desligar com a entrada.

- Verifique se a tensão de saída está correcta e se está a ser ligada/desligada com a entrada.

- Localize o dispositivo de saída e certifique-se de que a tensão está a chegar ao dispositivo e a fazer um ciclo com a entrada.

- Verificar o bom funcionamento do dispositivo de saída (bobina de solenoide, bobina de relé, bobina de contactor, etc.).

- Um módulo de entrada ou de saída pode estar defeituoso num circuito e funcionar corretamente em todos os outros circuitos.

- Se cada circuito de campo não estiver protegido por um fusível, o circuito interno modular torna-se um fusível e pode ser destruído por um curto-circuito no campo ou por qualquer outra condição de sobreintensidade.

- Verificar o circuito modular; se estiver danificado, o módulo deve ser substituído após a correção do defeito de campo.

- Desligue o PLC antes de mudar qualquer módulo - alimentação principal e alimentação de 24V.

- Localizar a avaria no circuito de campo desligando os fios no módulo e no dispositivo de campo, verificar se há curto-circuito entre os fios e se há curto-circuito à terra; substituir o fio se for encontrado um curto-circuito.

- Verificar o dispositivo quanto a ligação à terra, curto-circuito, funcionamento mecânico e elétrico; mesmo quando o problema for encontrado nos fios, verificar sempre o dispositivo quanto a outra avaria; um problema nos fios pode causar um problema no dispositivo ou vice-versa; se o dispositivo estiver defeituoso, substituir o dispositivo e, em seguida, verificar o circuito total antes de o colocar em funcionamento e, depois de restabelecer o circuito, verificar novamente para garantir que o circuito e o módulo estão a funcionar corretamente.

• Verificar o módulo de alimentação eléctrica; se não houver saída, desligar a alimentação e substituir o módulo de alimentação.

• Por vezes, o PLC pode ser reiniciado utilizando o interruptor da tecla Reset; certifique-se de que desligar o PLC não interrompe outros programas de subconjunto em execução, rode as teclas para a extrema direita, após 15 segundos, rode para a extrema esquerda, aguarde e volte à posição intermédia; esta operação deve reiniciar o programa e permitir um reinício.

• O programa PLC pode ter um relé de bloqueio sem reinicialização em determinadas condições, a reinicialização do interruptor de chave pode não ter qualquer efeito no bloqueio, tente desligar e voltar a ligar a alimentação do PLC, esta operação pode reinicializar o bloqueio e permitir que o programa seja reiniciado.

• O PLC faz normalmente parte de um circuito de controlo alimentado com 220VAC através de um transformador 380V/220V como parte de um sistema com motores, controladores, circuitos de segurança e outros controlos; ocasionalmente, será necessário desligar/ligar a alimentação principal de 380V para tentar repor todos os circuitos de segurança e controlo.

• A posse e a utilização de um diagrama de escada atualizado, de um diagrama de cablagem elementar, de manuais e diagramas do fabricante, de competências de resolução de problemas, de conhecimentos do operador e de tempo são necessárias para resolver problemas relacionados com a manutenção de uma linha de produção industrial moderna.

# REFERÊNCIAS


1. LOGO! Manual, Siemens, 2011.

2. Manual de Laboratório de PLC. Manual, Universidade Islâmica de Ghaza, Departamento de Engenharia Eléctrica, preparado pelo Eng. Wael Younis, 2008-2009.

3. LOGO! Em pormenor, (ppt).

4. Ladder and Functional Block programming, Capítulo 11, por W. Bolton, (pdf).

5. Uma introdução aos PLCs, (ppt).

6. PLC básico, (ppt).

7. Noções básicas de PLC, STEP 2000, Siemens.

8. Noções básicas de sensores, STEP 2000, Siemens.

# I want morebooks!

Buy your books fast and straightforward online - at one of world's fastest growing online book stores! Environmentally sound due to Print-on-Demand technologies.

Buy your books online at
**www.morebooks.shop**

Compre os seus livros mais rápido e diretamente na internet, em uma das livrarias on-line com o maior crescimento no mundo! Produção que protege o meio ambiente através das tecnologias de impressão sob demanda.

Compre os seus livros on-line em
**www.morebooks.shop**

Printed by Books on Demand GmbH, Norderstedt / Germany